"十三五"职业教育规划教材

U0204672

装表接电实训

主　编　王洪莲　李元刚

副主编　陈　虎

编　写　唐继军　刘　颖　杨　洲

主　审　胡位标

中国电力出版社

CHINA ELECTRIC POWER PRESS

内 容 提 要

本书根据高等职业教育的发展需要，依据电力技术类专业的人才培养目标，结合编者多年的教学和现场工程实践经验而编写。本书除介绍必要的理论知识外，还重点介绍了实际工作中必须掌握的技能知识，主要内容包括：常用电工工具和电工仪表、触电急救常识、进户线的安装、电能计量装置的基本知识、电能计量装置接线实训、电能计量装置错误接线分析判断。其中，包含 22 个电能计量装置接线实训项目。

本书主要作为高职高专院校装表接电课程的教材，也可作为从事电力营销和供用电专业装表接电人员的培训、自学和技能鉴定的参考书。

图书在版编目（CIP）数据

装表接电实训/王洪莲，李元刚主编. —北京：中国电力出版社，2016.5

"十三五"职业教育规划教材

ISBN 978-7-5123-8614-3

Ⅰ.①装… Ⅱ.①王…②李… Ⅲ.①电工-安装-职业教育-教材 Ⅳ.①TM05

中国版本图书馆 CIP 数据核字（2016）第 023752 号

中国电力出版社出版、发行

（北京市东城区北京站西街 19 号 100005 http://www.cepp.sgcc.com.cn）

北京丰源印刷厂印刷

各地新华书店经售

*

2016 年 5 月第一版 2016 年 5 月北京第一次印刷

787 毫米×1092 毫米 16 开本 9 印张 213 千字

定价 **20.00** 元

前　言

  本书根据高等职业教育的发展需要，依据电力技术类专业的人才培养目标，结合编者多年的实际教学经验和现场工程实际而编写。通过本书的学习可正确掌握计量装置的安装、实验和日常运行技术，进一步巩固电能计量专业知识，提高装表接电的业务水平和服务质量，适应电力行业发展需要。

  本书主要作为高职高专院校装表接电课程的教材用书，亦可作为从事电力营销和供用电专业装表接电人员的培训、自学和技能鉴定的参考书。

  本书注重将理论性和实用性相结合，除介绍必要的理论知识外，还重点介绍了实际工作中必须掌握的技能知识，将理论知识与实际操作融为一体，突出了使用性和针对性，并用图形加以说明，通俗易懂，可使读者能在短时间内掌握装表接电专业的实用知识，有效提高读者的学习效率。

  参加本书编写的人员有王洪莲、李元刚、陈虎、唐继军、刘颖、杨洲。其中王洪莲提出了全书编写指导思想和总体构思及具体编写提纲，并负责全书统稿；李元刚、陈虎负责部分书稿的审校和具体内容的调整与规范化工作。本书由江西电力职业技术学院胡位标老师担任主审。

  限于编者经验和水平，书中难免存在缺点和错误，恳请读者批评指正。

编　者

2016.4

目　　录

绪　　论

　　装表接电工是电力企业的重要工种之一，担负着检查验收内线工程，安装、调换电能计量装置及熔断器并接电的重要任务。接电是供电企业将申请用电者的受电装置接入供电网的行为。接电后，客户合上电源开关，即可开始用电。一般安装电能计量装置与接电同时进行，故又称装表接电。装表接电工作除了电能计量装置的安装外，还有计量装置故障的处理，还包括淘汰表等计量装置的轮换、反窃电等工作。

一、装表接电工作的管理范围

　　用户申请的用电容量被批准后，设计部门即可按照用电性质、负荷特点进行内、外线设计。设计图纸通过登记窗口转到供电营业所进行各项技术审查，审查合格后组织施工。工程竣工之后，持审查合格过的施工图纸到登记窗口报告，请求验收送电。内、外线检查人员持登记书竣工图纸到施工现场进行验收，对施工质量标准进行技术检查。经验收合格后，方可装表接电。由此可见，凡属于高、低压用电户装设的所有计费计量装置，无论是单相的还是三相的，也不论是高压的还是低压的，从一次引进线到计量装置的所有二次回路，均属于装表接电工作的管理范围。

二、装表接电工作的意义

　　装表接电工作是用电管理部门（营业、检查、装接、电费抄收结算）的重要环节。各用电单位电气设备的新装、改装、增装竣工后，都必须经过装表接电人员安装或改装电能计量及其附属设备后才能接电。而这些已安装好的电能计量设备就是各用电单位每月交付电费的依据。因此，电能计量、装表接线和表计的倍率的正确与否，直接影响到正确贯彻执行国家的电价制度、电费回收及安全用电、节约用电的方针和政策。如果出现表计不准、接线错误和倍率差错等问题，都会造成供电或用电单位的经济损失，同时给开展安全、合理、节约用电工作带来困难。

　　在电能的供应和使用环节中，如何保证供电质量，且安全、经济地把电能送到千家万户，装表接电工作担负着重大责任。通过对用户报装内线工程的竣工验收、装表接电、定期对用电设备的核查，电能计量装置及其附属设备的正确安装等工作，达到准确计量合理收费的目的。而装表接电是业扩报装的最后一道程序，标志着供用电双方关系的确立，是客户用电的开始，也是供电企业电能计量的开始。而装表接电工作的好坏，不仅关系到电网的安全经济运行，还直接影响到用户的切身利益。

三、装表接电工的具体职责

（1）负责新装、增装、改装及临时用电计量装置的设计、图纸审核、检查验收。

（2）负责互感器和电能表的事故更换及现场检查。

（3）负责分户的计量装表工作。

（4）负责计量装置的定期轮换工作。

（5）负责电能表和互感器的管理，填报分管月报。

（6）定期做下一周期的电能表和互感器的需用计划。

（7）负责向库房领取电能表、退还电能表和互感器，并健全必要的领、退手续。

（8）定期核对计量装置的接线、倍率、回转情况。

（9）分析判断电能计量装置故障和错误接线。

（10）排除电能计量装置异常和故障。

（11）违约用电和窃电查处。

（12）对用电户内线工程验收和接电。

第一章　常用电工工具和电工仪表

第一节　常用电工工具

常用的电工工具分为通用工具、登高用具、防护用具、电动用具等。其中通用工具包括验电器、电工刀、螺钉旋具、钳子、扳手、榔头、凿等；电动用具主要包括电钻、型材切割机、角磨机等；登高用具包括安全帽、安全带、踏板、脚扣、梯子、吊绳和吊带等（在第三章讲述）；防护用具包括绝缘棒、绝缘夹钳、绝缘手套、携带型接地线等。

一、通用工具

（一）验电器

验电器是用来检查导线和电气设备是否带电的一种电工常用工具，分为高压验电器和低压验电器两种。

1. 低压验电器

低压验电器也称验电笔和电笔，检测电压范围一般为 60～500V。常用的低压验电器由氖管、电阻、弹簧和笔身组成。常见的低压验电器有钢笔式和旋具式两种，如图 1-1 所示。旋具式验电器的金属部分应套上绝缘（塑料管或橡皮管），以防止触电或造成短路。

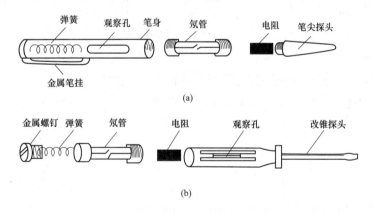

图 1-1　低压验电器
（a）钢笔式验电器；（b）旋具式验电器

如图 1-2 所示，使用时以手指触及验电器尾部的金属体，并使氖管小窗口朝向自己，便于观看。但注意手不能触及验电器头部的金属探头，以免发生触电。按以上方法握好验电器后，用验电器头部去接触测试点，并观看是否带电，如果不发光，说明测试点不带电。

低压验电器使用注意事项：

（1）验电器在每次使用前，必须先在带电插座或带电体上预测一下，检验验电器是否完好。

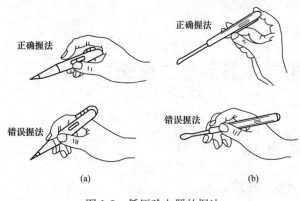

图 1-2　低压验电器的握法

（a）钢笔式验电器的握法；（b）旋具式验电器的握法

（2）验电器应该定期校验，用绝缘电阻表来测试其绝缘电阻，若小于 1MΩ，则严禁使用，因为验电器内部串联的电阻降低时会有发生人身触电的危险。

2. 高压验电器

高压验电器又称高压测电器，主要用来检验设备对地电压在 250V 以上的高压电气设备。目前广泛采用的有发光型、声光型、风车式三种类型。高压验电器外形如图 1-3 所示。

图 1-3　高压验电器

高压验电器的使用注意事项：

（1）使用前，要按所测设备（线路）的电压等级将绝缘棒拉伸至规定长度，选用合适型号的指示器和绝缘棒，并对指示器进行检查，投入使用的高压验电器必须是经电气试验合格的。

（2）用高压验电器进行测试时，必须戴上符合要求的绝缘手套；不可一个人单独测试，身旁必须有人监护。

（3）使用时，应特别注意手握部位不得超过护环，如图 1-4 所示。

（4）应先在有电的电气设备上验证验电器性能完好，然后再对被验电设备进行检测。操作中要小心操作，以防发生相间或对地短路事故。与带电体保持足够的安全间距（10kV 大于 0.7m）。

（5）室外在雨、雪、雾及湿度较大时，不宜进行操作，以免发生危险。

（6）为保证使用安全，验电器应每半年进行一次预防试验。

（二）电工刀

电工刀主要用于剖削导线的绝缘外层，切割木台缺口和削制木榫等。其外形如图 1-5 所示。

在使用电工刀进行剖削作业时，应将刀口朝外。剖削导线绝缘时，应使刀面与导线成较小的锐角，以防损伤导线。电工刀使用时应注意避免伤手。使用完毕后，应立即将刀身折进刀柄。因为电工刀刀柄是无绝缘保护的，所以，绝不能在带电导

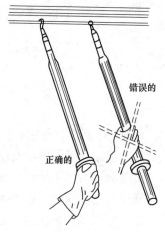

图 1-4　高压验电器握法

线或电气设备上使用，以免触电。

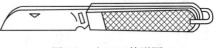

图 1-5　电工刀外形图

下面以截面积大于 4mm² 塑料硬线绝缘层剖削
及塑料绝缘层的剖削为例，说明电工刀的使用方法。

截面积大于 4mm² 塑料硬线绝缘层的剖削方法
如图 1-6 所示，剖削方法和步骤如下：

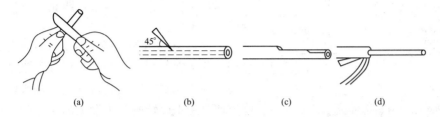

图 1-6　截面积大于 4mm² 塑料硬线绝缘层
(a) 切入手法；(b) 电工刀以 45°角倾斜切入；(c) 电工刀以 25°角推削；(d) 翻下塑料绝缘层

（1）根据所需线头长度用电工刀以约 45°角倾斜切入塑料绝缘层，注意用力适度，避免
损伤线芯。

（2）使刀面与芯线保持 25°角左右，用力向线端推削，在此过程中应避免电工刀切入线
芯，只削去上面一层塑料绝缘。

（3）将塑料绝缘层向后翻起，用电工刀齐根切去。

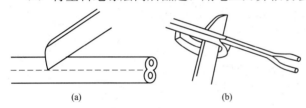

图 1-7　电工刀剖削塑料护套线绝缘层
(a) 划开护套层；(b) 翻起切去护套层

电工刀剖削塑料护套线绝缘层的
方法如图 1-7 所示，剖削方法和步骤
如下：

（1）按所需长度用电工刀刀尖沿
线芯中间缝隙划开护套层。

（2）向后翻起护套层，用电工刀
齐根切去。

（3）在距离护套层 5～10mm 处，用电工刀以 45°角倾斜切入绝缘层，其他剖削方法与塑
料硬线绝缘层的剖削方法相同。

（三）螺钉旋具

螺钉旋具也称螺丝启子，是用来旋紧或起松螺丝的工具。它分为一字形和十字形两种，
以配合不同槽型的螺丝使用，如图 1-8 所示。

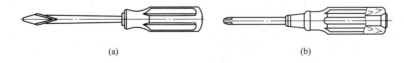

图 1-8　螺钉旋具
(a) 一字形螺钉旋具；(b) 十字形螺钉旋具

一字形螺钉旋具的规格用金属杆长度表示，有 100、150、200、300、400mm 等，常用的有
长 50mm 和长 150mm 的旋凿。十字形螺钉旋具的规格按适用螺钉直径表示，有 I 号（2～
2.5mm）、II 号（3～5mm）、III 号（6～8mm）、IV 号（10～12mm）。

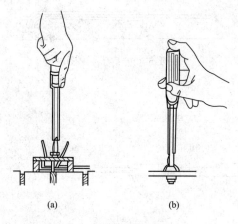

图 1-9　螺钉旋具的握法
(a) 大型螺钉旋具的握法；
(b) 小型螺钉旋具的握法

螺钉旋具的使用与握持方法：

（1）带电作业时，手不可触及螺钉旋具的金属杆，以防触电。

（2）电工螺钉旋具，不得使用锤击型（金属通杆）。

（3）金属杆应套绝缘管，防止金属杆触到人体或邻近带电体。

大螺钉旋具用来旋转电气装置上较大的螺丝，使用时除大拇指、食指和中指要夹住手柄外，手掌还要顶住它末端，这样就可以用出较大的力气；小螺钉旋具用来旋转电气装置上的小螺丝，使用时可用拇指和中指夹住手柄，用食指顶住柄的末端旋转，如图 1-9 所示。

（四）钢丝钳

钢丝钳是一种夹持或折断金属薄片，切断金属丝的工具。它由钳头和钳柄两部分组成，钳头由钳口、齿口、刀口、铡口构成。其用途较多，钳口用来弯绞或钳夹导线线头，齿口用来旋紧或起松螺母，刀口用来剪切导线或拔起铁钉，铡口用来切断钢丝、铅丝和导线线芯等硬金属。钢丝钳规格较多，常用的有 150、175、200mm 等。钳柄的金属部分应该套绝缘管（塑料管或橡皮管），以确保安全。钢丝钳的构造及应用如图 1-10 所示。

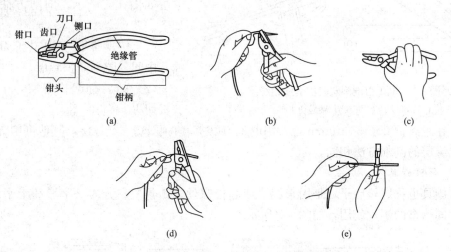

图 1-10　钢丝钳的结构及应用
（a）结构图；（b）弯绞导线；（c）紧固螺母；（d）剪切导线；（e）铡切钢丝

（五）剥线钳

剥线钳是用来剥落小直径导线绝缘层的专用工具，其外形如图 1-11 所示。它的钳口部分设有几个刀口，用以剥落不同线径的导线绝缘层。其柄部是绝缘的，耐压为 500V。

剥线钳的使用方法：

（1）根据缆线的粗细型号，选择相应的剥线刀口。

（2）将准备好的电缆放在剥线工具的刀刃中间，选择好要剥线的长度。

（3）握住剥线工具手柄，将电缆夹住，缓缓用力使电缆外表皮慢慢剥落。

（4）松开工具手柄，取出电缆线，这时电缆金属整齐露出外面，其余绝缘塑料完好无损。

（六）尖嘴钳

尖嘴钳又称修口钳、尖头钳的头部"尖细"，如图 1-12 所示。尖嘴钳用法与钢丝钳相似，其特点是适用于在狭小的工作空间操作，有铁柄和绝缘柄两种，绝缘柄的耐压为 500V。

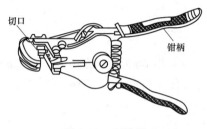
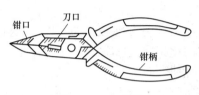

图 1-11　剥线钳　　　　　　　　　　图 1-12　尖嘴钳

尖嘴钳的用途有：

（1）用来剪切线径较细的单股和多股线。

（2）在安装控制线路时，尖嘴钳能将单股导线弯成接线端子（线鼻子），有刀口的尖嘴钳还可剪断导线、剥削绝缘层。

（3）能夹持较小的螺钉、垫圈、导线及电器元件。

（七）断线钳

断线钳的头部"扁斜"，因此又叫斜口钳、扁嘴钳或剪线钳，是专供剪断较粗的金属丝、线材及导线、电缆等用的，如图 1-13 所示。它的柄部有铁柄、管柄、绝缘柄之分，绝缘柄耐压等级为 1000V。

图 1-13　断线钳

（八）活动扳手

活动扳手是用来旋紧或起松有角螺母的工具，它由呆扳唇、活络扳唇、蜗轮、轴销、手柄等组成，如图 1-14（a）所示。活动扳手规格的规格以长度（mm）×最大开口宽度（mm）表示，常用的活动扳手规格有 150mm×19mm（6 英寸）、200mm×24mm（8 英寸）、250mm×30mm（10 英寸）、300mm×36mm（12 英寸）等。

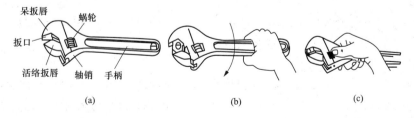

图 1-14　活动扳手结构图及使用方法
（a）结构图；（b）扳较大螺母时的握法；（c）扳较小螺母时的握法

（1）使用时应该按螺母的大小选用适当的活动扳手，以免因活动扳手太大，损伤螺母，或因螺母过大，损伤活动扳手，转动蜗轮可调节开口的大小。

（2）开口的调节应该使扳唇正好夹住螺母，否则开口会打滑，不仅要损伤螺母，还可能碰伤手指。

（3）扳动较大螺母时，手应握在手柄尾部，这样扳动起来较为省力，如图 1-14（b）所示。扳动较小螺母时，由于螺母较小，易打滑，应握在靠近头部的地方，并用大拇指控制好蜗轮，以便随时调节扳口，收紧扳唇防止打滑，如图 1-14（c）所示。

（4）活动扳手不可反过来使用，以免损坏活络扳唇，因为活络扳唇不能作为重力点使用。

（5）扳手用力方向 1m 内不准站人。

（九）凿削工具

凿削工具包括榔头和凿。

1. 榔头

榔头由锤头和手柄组成。锤头以质量分类，一般采用 ρb（磅）为单位。锤头的形状有圆头和方头。手柄用硬杂木制成，主要用于敲击工件，使工件变形、位移、振动，也可用于工具的校正、整形。

使用前应该检查手柄是否松动，以免头部脱滑而造成事故。榔头的质量应与工件、材料和作用力相适应，太重和过轻都会不安全。清除锤面和手柄上的油污，以防敲击时锤面从工作面上滑下造成伤人和机件损坏。使用榔头时应注意：

（1）右手应握住木柄的尾部，才能使出较大的力量，在锤击时，用力要均匀，落锤点要准确；

（2）注意木柄与铁件连接要牢固，防止铁件飞出伤人。

2. 凿

（1）小钢凿。小钢凿是用来打砖缝上木枕孔的工具，常用的小钢凿凿口宽 12mm。凿孔时要用左手握住小钢凿，如图 1-16 所示。

用小钢凿打砖缝上的木枕孔

图 1-15　榔头　　　　　　　　图 1-16　小钢凿的使用方法

（2）麻线凿。麻线凿是用来凿打混凝土墙土木枕的工具，常用的有 16 号和 18 号的麻线凿，分别可凿直径为 16mm 和 18mm 的木枕孔。凿孔时，要用左手握住凿柄，并要不断地转动，使凿下的灰砂碎石能及时排出。

（3）长凿。长凿是用来凿打墙孔的工具，有用无缝钢管制成的长凿，可凿打砖墙孔，还有一种用中碳钢制成的长凿，可凿打混凝土墙孔。长凿的长度通常有 300、400、500mm，分别可凿直径为 19、25、30mm 的圆孔。凿孔时，左手握凿柄，并要不断转动，方能排出灰砂石。

二、电动用具

电钻是一种在金属、塑料及类似材料上钻孔的工具。电钻携带方便、操作简单、使用灵活，当受空间、场地限制，加工件形状或部位不能用钻床等设备加工时，一般多用各种电钻进行钻孔。电钻的基本结构原理图如图 1-17 所示。

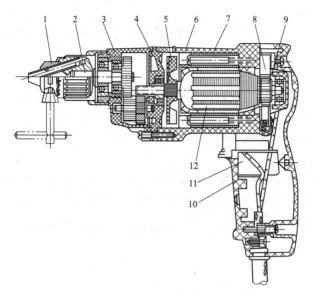

图 1-17　电钻的基本结构原理图

1—钻夹头；2—钻轴；3—减速器；4—中间盘；5—风扇；6—机壳；7—定子；8—碳刷；
9—整流子；10—手柄；11—开关；12—转子

（一）电钻分类

（1）台式电钻。台式电钻用于在较厚的金属构件上打孔。

其由底座、立柱、电动机、皮带减速器、钻夹头、回转机构、电源连接装置等组成。

（2）手电钻。手电钻用于在金属、木材、塑料等较薄构件上钻孔。其有全塑壳、铁壳、高速（2200r/min）低速（750r/min）规格。手电钻由串激电动机、减速器、手柄、钻夹头及电源开关组成。手电钻主要规格有 4、6、8、10、13、16mm。

（3）充电电钻。充电电钻主要用于无电源场合，适合于移动使用；一般可正、反转，转速通过扳机可调，既可当螺钉旋具用，又能作电钻用；靠充电电池工作，使用灵活方便。

（4）冲击电钻、电锤。其适合于在水泥、砖石墙上冲打孔眼。电锤功率大、钻头一边旋转、一边向前冲击。冲击电钻上有锤、钻调节开关，可做普通电钻和电锤使用。

（二）使用电钻时的个人防护

（1）面部朝上作业时，要戴上防护面罩。在生铁铸件上钻孔要戴好防护眼镜，以保护眼睛。

（2）钻头夹持器应妥善安装。

（3）作业时钻头处在灼热状态，更换时应注意避免灼伤肌肤。

（4）钻 ϕ12mm 以上的手持电钻钻孔时应使用有侧柄手枪钻。

（5）站在梯子上工作或高处作业应做好高处坠落措施，梯子应有地面人员扶持。

（三）电钻的使用方法

（1）选用。在钻孔时，对不同的钻孔直径应该尽可能选择相应的电钻规格，以充分发挥各规格电钻的性能结构特点，达到良好的切削效率，避免不必要的过载而烧坏电钻。

（2）接地。橡皮软线中黑色的一根为接地线，应牢固地接在机壳上。

（3）通风。电钻必须保持清洁、畅通，应经常清除尘埃和油污，并注意防止铁屑等杂物进入电钻内而损坏零件。

（4）空转。电钻使用前，先空转一分钟，以检查传动部分是否运转正常。

三、防护用具

（一）绝缘棒

绝缘棒又称令克棒、绝缘拉杆、操作杆等，如图1-18所示。绝缘棒由工作部分、绝缘部分和手柄部分组成。工作部分有勾、夹、钳等工具。它用在闭合或拉开高压隔离开关，装拆携带式接地线，以及进行测量和试验时使用。

图 1-18 绝缘棒

绝缘棒的使用注意事项：

（1）使用前必须对绝缘操作杆进行外观的检查，外观上不能有裂纹、划痕等外部损伤。

（2）必须经校验合格后方能使用，不合格的严禁使用。

（3）必须适用于操作设备的电压等级，且核对无误后才能使用。

（4）雨雪天气必须在室外进行操作的，要使用带防雨雪罩的特殊绝缘操作杆。

（5）操作时在连接绝缘操作杆的节与节的丝扣时要离开地面，不可将杆体置于地面上进行，以防杂草、土进入丝扣中或粘缚在杆体的外表上；丝扣要轻轻拧紧，不可将丝扣未拧紧即使用。

（6）使用时要尽量减少对杆体的弯曲力，以防损坏杆体。

（7）使用后要及时将杆体表面的污迹擦拭干净，并把各节分解后装入一个专用的工具袋内，存放在屋内通风良好、清洁干燥的支架上或悬挂起来，尽量不要靠近墙壁，以防受潮，破坏其绝缘。

（8）绝缘操作杆要有专人保管。

（9）每半年要对绝缘操作杆进行一次交流耐压试验，不合格的立即报废，不可降低其标准使用。

（二）绝缘夹钳

绝缘夹钳主要用于拆装高压熔断器等，如图1-19所示。绝缘夹钳由钳口、钳身、钳把组成。钳身、钳把由护环隔开，以限定手握部位，所用材料多为硬塑料或胶木。

绝缘夹钳按照操作形式可以分为单手握绝缘夹钳和双手握绝缘夹钳两种基本形式。绝缘夹钳按照电压等级可以分为：0.4、6、10、20、27.5、35、110kV绝缘夹钳几种常见规格。其中单手握绝缘夹钳属于低压操作，可对真空保险管和一些其他较小的部件、配件进行抓取操作作业。高压绝缘夹钳主要集中为双手握绝缘夹钳，主要采用双手握绝缘钳柄，保持一定的安全距离操作更有安全保障。

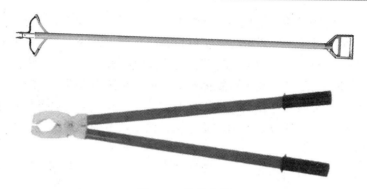

图 1-19　绝缘夹钳

绝缘夹钳作为一种夹具，主要用于绝缘和辅助抓取作业，在接地线拆卸作业环节起到了很重要作用，此外在绝缘子安装或摘取作业环节中的作用是不容忽视的。

使用和保存绝缘夹钳时应注意如下事项：

（1）使用时绝缘夹钳不允许装接地线。

（2）在潮湿天气只能使用专用的防雨绝缘夹钳。

（3）绝缘夹钳应保存在特制的箱子内，以防受潮。

（4）绝缘夹钳应定期进行试验，试验方法同绝缘棒，试验周期为 1 年，10～35kV 绝缘夹钳试验时施加 3 倍线电压，220V 绝缘夹钳施加 400V 电压，110V 绝缘夹钳施加 260V 电压。

（三）绝缘手套、绝缘靴

绝缘手套又称耐高温手套、高压绝缘手套，是用天然橡胶制成，用绝缘橡胶或乳胶经压片、模压、硫化或浸模成型的五指手套，一般耐压较高。它主要用于电工作业，是一种辅助性安全用具，一般常配合其他安全用具使用。

绝缘靴一般是电工在进行配电作业时穿戴的一种辅助性用具。绝缘靴一般分低压绝缘，6kV 绝缘或 10kV 以上的高压绝缘。电工在低压带电作业的情况下，穿戴绝缘靴就可以正常作业。但是在高压带电的情况下，如果仅仅是依靠绝缘鞋，而不穿戴其他绝缘防护用具，是不允许的。绝缘靴仅仅只能保护脚部不受伤害，但是其他裸露的部分都可能带来危险。

图 1-20　绝缘手套、绝缘靴

绝缘手套、绝缘靴使用注意事项：

（1）绝缘手套、绝缘靴使用前应检查是否有合格证。

（2）绝缘手套、绝缘靴使用前应进行外观检查，不允许有外伤、裂纹、气泡或毛刺等，发现有问题立即更换。绝缘手套需进行气密性检查，具体方法为：将手套从口部向上卷，稍用力将空气压至手掌及指头部分检查上述部位有无漏气，如有则不能使用。

（3）绝缘手套使用时注意防止尖锐物体刺破；绝缘靴使用过程中应防止尖锐物刺伤。

（4）绝缘靴使用前应核对作业场所电压高低，禁止在高压电气设备使用耐压低于要求的绝缘靴。绝缘靴仅能作为电气设备上辅助安全用具使用，不得穿绝缘靴情况下直接用手接触电气设备。

（5）绝缘手套、绝缘靴使用完毕后，应注意存放在干燥处，并不得接触油类及腐蚀性药品等。

（6）绝缘手套、绝缘靴应每半年检验1次，耐压不合格的严禁使用。

（四）携带型接地线

携带型接地线也就是临时性接地线，在检修配电线路或电气设备时作临时接地之用，以防意外事故。

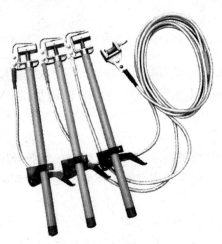

图 1-21　携带型接地线

携带型接地线的使用操作注意事项：

（1）挂接地线时，先连结接地夹，后接接电夹；拆除接地线时，必须按程序先拆接电夹，后拆接地夹。

（2）安装方法：将接地软铜线分相上双眼铜鼻子固定在接地棒上的接电夹（接电夹有固定式和活动式）相应位置上，将接地线合相上的单眼铜鼻子固定在接地夹或地针上，构成一套完整的接地线。

（3）核实接地棒的电压等级与操作设备的电压等级是否一致。

（4）确保设备或线路在断电后使用本器具。

（5）使用过程操作人员应该佩戴相关防护器具，比如绝缘靴、绝缘手套以及安全帽并在有专人监护的情况下进行使用。

第二节　常用电工仪表

一、万用表

万用电表是一种多用途的携带式仪表，常用的万用表有机械万用表和数字万用表。万用表一般可以测量直流电流、直流电压、交流电流、交流电压、直流电阻等，有的万用表还能测量电容、电感及晶体二极管、三极管的某些参数。

（一）机械万用表

万用表的型号很多，盘面的样式也较多。

下面以 MF47 型万用表为例说明。MF47 型万用表是在原 MF4 型万用表的基础上研制的多功能、多用途、多重保护的万用表。

1. 万用表各部分功能

如图 1-22 所示，MF47 型万用表前面板装有标度盘、量程转换开关、机械零点调整器、欧姆调零旋钮、输入插口，后面板附有电池盒。

（1）标度盘。标度盘共标注了七条刻度线。

第一条：欧姆刻度线，测电阻时读数使用，最右端为"0 Ω"，最左端为"∞"，刻度不均匀。

第二条：交直流电压、电流刻度线，测交、直流电压、电流值读数使用，最左端为"0"，最右端下方标有三组数，它们的最大值分别为250、50、10V，刻度均匀。

第三条：交流 10V 挡专用刻度线，交流 10V 量程挡的专用读数标尺。

第四条：测三极管放大倍数专用刻度线，刻度均匀。

第五条：电容量读数刻度线，刻度不均匀。

第六条：电感量读数刻度线，电感量测量范围 20～1000H，刻度不均匀。

第七条：音频电平读数刻度线，音频电平测量范围－10dB～+22dB，刻度不均匀。

图 1-22　MF47 型万用表

（2）量程转换开关。MF47 型万用表的测量项目包括电流、直流电压、交流电压和电阻。每挡又划分为几个不同的量程（或倍率）以供选择。

当转换开关拨到电流挡，可分别与五个接触点接通，用于 500、50、5、0.5mA 和 50μA 量程的电流测量；同样，当转换开关拨到电阻挡，可用×1、×10、×100、×1k、×10k 倍率分别测量电阻；当转换开关拨到直流电压挡，可用于 0.25、1、2.5、10、50、250、500V 和 1000V 量程的直流电压测量；当转换开关拨到交流电压挡，可用于 10、50、250、500、1000V 量程的交流电压测量。

（3）机械调零调整器。在使用仪表前，若发现表头指针不在零位，可用螺钉旋具旋动机械零点调整器，使指针调整在零位。

（4）欧姆调零旋钮。测量电阻时，先将两表笔短接，调节欧姆调零旋钮，使指针对准在零欧姆刻度上。注意：欧姆挡每换一次量程，都要重新进行欧姆调零。

（5）输入插口。输入插口是万用表通过表笔与被测量连接的部位。黑色表笔插入标有"－"的公共插口，红色表笔插入标有"+"的插口。

（6）电池盒。电池盒位于后盖的上方，抽出盖板，可以更换电池。

2. MF47 型万用表的使用方法

在使用前应检查万用表指针是否在机械零位上。如不指在零位，可旋转表盖上的机械调零调整器使指针指示在零位上。在测量电阻之前还应进行欧姆调零，然后将红、黑表笔插头分别插入"+"、"－"插孔中。例如，测量交直流 2500V 或直流 10A 时，红表笔则应分别插到标有"2500V"或"10A"的插座中。

（1）直流电流的测量。测量 0.05～500mA 直流电流时，转动开关至所需的电流挡。同时，应选择合适的量程挡位，测量 10A 时，应将红表笔"+"插入"10A"孔内。使用万用表电流挡测量电流时，应将万用表串联在被测电路中，因为只有串联才能使流过电流表的电流与被测支路电流相同。测量时，应断开被测支路，将万用表红、黑表笔串联在被断开的两点之间（特别应注意电流表不能并联接在被子测电路中，这样做是很危险的，极易使万用表烧毁），注意被测电量极性（红表笔是电流流进，黑表笔电流流出），最后正确读数。

（2）交、直流电压测量。测量交流 10～1000V 或直流 0.25～1000V 时，转动开关至所需电压挡位。测量交、直流 2500V 时，开关应分别旋至交、直流 1000V 位置上，红插头则应插到标有 2500V 的插孔中，而后将测试棒并联在被测电路两端。

测量电压时，需将电表并联在被测电路上，测量直流电压时应注意正、负极性（红表笔接高电位，黑表笔接低电位）。如果不知被测电压的极性和大致数值，需将选择开关旋至直流电压挡最高量程上，并进行试探测量（如果指针不动则说明表笔接反；若指针顺时旋转，则表示表笔极性正确）然后再调整极性和合适的量程。最后正确使用刻度读数。

若配以高压探头，可测量电视机≤25kV 的高压。测量时，开关应放在 50μA 位置上，高压探头的红、黑插头分别插入"＋"、"－"插座中，接地夹与电视机金属底板连接，而后握住探头进行测量。测量交流 10V 电压时，读数要看交流 10V 专用刻度线（红色）。

（3）直流电阻测量。

装上电池（R14 型 2 号 1.5V 及 6F22 型 9V 各 1 只）。转动开关至所需测量的电阻挡，将红黑表笔短接，调整欧姆调零旋钮，使指针对准欧姆刻度线"0"位上，然后将两表笔并联于被测电路的两端进行测量。准确测量电阻时，应选择合适的电阻挡位，使指针尽量能够指向表刻度盘中间区域。测量电路中的电阻时，应先切断电路电源，如电路中有电容应先行放电，当检查电解电容器漏电电阻时，可转动开关到 R×1k，红表笔必须接电容器负极，黑表笔接电容器正极。

 注 意

当 R×1 挡不能调至"0"位时，或蜂鸣器不能正常工作时，请更换 2 号（1.5V）电池；R×10k 挡不能调至"0"位时，或者红外线检测挡发光管亮度不足时，请更换 6F22 型 9V 叠电池。

（4）通路蜂鸣器检测。同使用欧姆挡一样先将仪表调零，此时蜂鸣器工作发出约 1kHz 的长鸣叫声，即可进行测量。当被测电路电阻低于 10Ω 时，蜂鸣器发出鸣叫声，此时不必观察表盘即可了解电路通断情况，此时表盘指示值约为 R×3（参考值）。蜂鸣器发出音量与被测线路电阻成反比例关系。

3. 使用注意事项

（1）万用表比较脆弱，使用时应小心谨慎，安放平稳。

（2）使用前要先看一下表指针是否指在"0"位。如不指"0"位，应先转动调零旋钮，将指针调到"0"位。如要测量电阻，应先把两表笔短接在一起，然后再旋转欧姆调零旋钮，使指针指零。

（3）万用表后盖内装有干电池，供测量电阻时的测量电源。测量电阻以后，应赶快将旋钮转到电压的位置，否则易造成短路而耗费电池。如果万用表未装电池，欧姆挡指针就不会动；电池使用时向过长应及时更换，不然测量结果将不正确，电阻挡也调不到

"0"位。

（4）使用万用表前，特别要注意选择旋钮在什么挡位上，是否为测量所要用的，切不可弄错挡位。当旋钮指在电流挡时，切不可把表笔接在电源的两端去测电压，否则会烧坏仪表。

（5）红表笔应插在红色（或标有"＋"）的插孔内，黑表笔应插在黑色（或标有"－"）的插孔内。测量直流时，红表笔接电路的正极，黑表笔接电路的负极。如果不知道被电路的正负极时，可以把万用表的量程放在最大，在被测电路上点测探试一下，根据表针偏转方向即可判断其正负极性。若表针顺时针方向偏转，表示红表笔接的为电路的正极；反之，为负极。

（6）选择量程时，应事先估计一下要测的数值是多少，选一个适当的量程。若事先估计不出，可先用大量程测试，再逐步向小量程调整。

（7）要用万用表的欧姆挡×10、×100检查电容器时，用红表笔接电容器的正极，黑表笔接负极，如果表针先指向"0"位，然后慢慢回升到最大刻度附近，说明电容器是良好的；如指针在很小欧姆值左右并不回升，说明电容器漏电不能使用了。用万用表的欧姆挡检查二极管时，用红表笔接二极管的正极，黑表笔接二极管的负极，这时测得电阻应很小；然后对换一下电表笔，则测得电阻应很大。二极管的正反向电阻差别越大越好。

（二）数字万用表

前面介绍的是传统的机械式万用表，已有近百年的历史，虽经不断改进，仍不能满足某些测量的需要。近30年来，随着电子技术的迅速发展，各种数字万用表相继问世。数字万用表是一种多用途电子测量仪器，一般包含安培计、电压表、欧姆计等功能。它可以有很多特殊功能，但主要功能就是对电压、电阻和电流进行测量，主要用于物理、电气、电子等测量领域。

使用数字万用表前，应熟悉电源开关、量程开关、插孔、特殊插口的作用。

（1）将"ON/OFF"开关置于"ON"位置，检查9V电池，如果电池电压不足，将显示在显示器上，这时则需更换电池；如果显示器没有显示，则按以下面（2）、（3）步骤操作。

（2）测试笔插孔旁边的符号，表示输入电压或电流不应超过指示值，这是为了保护内部线路免受损伤。

（3）测试之前，功能开关应置于你所需要的量程。

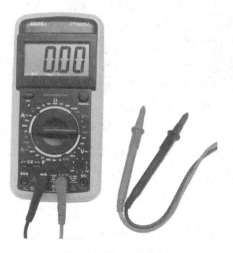

图1-23　数字万用表

1．电压的测量

（1）直流电压的测量。

1）将黑表笔插入"COM"插孔，红表笔插入"V/Ω"插孔。

2）将功能开关置于直流电压挡"V－"量程范围，并将测试表笔连接到待测电源（测开路电压）或负载上（测负载电压降），红表笔所接端的极性将同时显示于显示器上。

3）查看读数，并确认单位。

注意

1）如果不知被测电压范围，将功能开关置于最大量程并逐渐下降。

2）如果显示器只显示"1"，表示过量程，功能开关应置于更高量程。

3）不要测量高于 1000V 的电压。显示更高的电压值是可能的，但有损坏内部线路的危险。

4）当测量高电压时，要格外注意避免触电。

（2）交流电压的测量。

1）将黑表笔插入"COM"插孔，红表笔插入"V/Ω"插孔。

2）将功能开关置于交流电压挡"V～"量程范围，并将测试笔连接到待测电源或负载上。测量交流电压时，没有极性显示。

2. 电流的测量

（1）直流电流的测量。

1）将黑表笔插入"COM"插孔，当测量最大值为 200mA 的电流时，红表笔插入"mA"插孔，当测量最大值为 20A 的电流时，红表笔插入"20A"插孔。

2）将功能开关置于直流电流挡"A－"量程，并将测试表笔串联接入到待测负载上，电流值显示的同时，将显示红表笔的极性。

注意

1）如果使用前不知道被测电流范围，将功能开关置于最大量程并逐渐下降。

2）表示最大输入电流为 200mA，过量的电流将烧坏熔丝，应再更换，20A 量程无熔丝保护，测量时不能超过 15s。

（2）交流电流的测量。测量方法与直流电流的测量方法相同，区别是挡位应该打到交流挡位，电流测量完毕后应将红笔插回"VΩ"孔，若忘记这一步而直接测电压，表或电源会报废。

3. 电阻的测量

（1）先将红表笔插入"VΩ"孔黑表笔插入"COM"孔。

（2）量程旋钮打到"Ω"量程挡适当位置。

（3）分别将红黑表笔接到电阻两端金属部分。

（4）读出显示屏上显示的数据。

注意

1）如果被测电阻值超出所选择量程的最大值，将显示过量程"1"，应选择更高的量程，对于大于 1MΩ 或更高的电阻，要几秒钟后读数才能稳定，这是正常的。

2）当测量线路未连接好时，如开路情况，仪表显示为"1"。

3）当检查被测线路的阻抗时，要保证移开被测线路中的所有电源，所有电容放电，被测线路中，如有电源和储能元件，会影响线路阻抗测试正确性。

注意

4）万用表的"200MΩ"挡位，短路时有 10 个字，测量一个电阻时，应从测量读数中减去这 10 个字。如测一个电阻时，显示为 101.0，应从 101.0 中减去 10 个字，被测元件的实际阻值为 100.0 即 100MΩ。

5）测量中可以用手接触电阻，但不要把手同时接触电阻两端。

4. 二极管的测量

数字万用表可以测量发光二极管，整流二极管。测量时，表笔位置与电压测量一样，将旋钮旋到"V－"挡；用红表笔接二极管的正极，黑表笔接负极，这时会显示二极管的正向压降。肖特基二极管的压降是 0.2V 左右，普通硅整流管（1N4000、1N5400 系列等）约为 0.7V，发光二极管约为 1.8～2.3V。调换表笔，显示屏显示"1."则为正常，因为二极管的反向电阻很大，否则此管已被击穿。

5. 三极管的测量

（1）红表笔插入"VΩ"孔黑表笔插入"COM"孔。

（2）转盘打在（⊣▷⊢）挡。

（3）找出三极管的基极 b。

（4）判断三极管的类型（PNP 或者 NPN）。

（5）转盘打在"hFE"挡。

（6）根据类型插入 PNP 或 NPN 插孔测 β。

（7）读出显示屏中 β 值。

 注意

1）e、b、c 管脚的判定。表笔插位同上，其原理同二极管。先假定 A 脚为基极，用黑表笔与该脚相接，红表笔与其他两脚分别接触其他两脚；若两次读数均为 0.7V 左右，再用红笔接 A 脚，黑笔接触其他两脚，若均显示"1"，则 A 脚为基极，否则需要重新测量，且此管为 PNP 管。

2）集电极和发射极的判断。先将挡位打到"HFE"挡，可以看到挡位旁有一排小插孔，分为 PNP 和 NPN 管的测量。前面已经判断出管型，将基极插入对应管型"b"孔，其余两脚分别插入"c""e"孔，此时可以读取数值，即 β 值；再固定基极，其余两脚对调；比较两次读数，读数较大的管脚位置与表面"c""e"相对应。

6. 通断测试

（1）将黑表笔插入"COM"插孔，红表笔插入"V/Ω"插孔（红表笔极性为"＋"）将功能开关置于"V－"挡，并将表笔连接到待测二极管，读数为二极管正向压降的近似值。

（2）将表笔连接到待测线路的两端如果两端之间电阻值低于约 70Ω，内置蜂鸣器发声。

7. 数字万用表使用注意事项

（1）如果无法预先估计被测电压或电流的大小，则应先拨至最高量程挡测量一次，再视情况逐渐把量程减小到合适位置。测量完毕，应将量程开关拨到最高电压挡，并关闭电源。

（2）满量程时，仪表仅在最高位显示数字"1"，其他位均消失，这时应选择更高的量程。

（3）测量电压时，应将数字万用表与被测电路并联。测电流时应与被测电路串联，测直流量时不必考虑正、负极性。

（4）当误用交流电压挡去测量直流电压，或者误用直流电压挡去测量交流电时，显示屏将显示"000"，或低位上的数字出现跳动。

（5）禁止在测量高电压（220V以上）或大电流（0.5A以上）时换量程，以防止产生电弧，烧毁开关触点。

（6）当显示""、"BATT"或"LOW BAT"时，表示电池电压低于工作电压。

二、钳形电流表

钳形电流表是能够在不断开电源的情况下，测量电路的电流、电压及功率的携带式仪表。有的用钳形电流表还能测量电阻和电网的泄漏电流，已成了一个"万用"的钳形电流表。

（一）钳形电流表的工作原理

常见的钳形电流表多为互感式钳形电流表，由电流互感器和整流式电流表组成，原理图如图1-24所示。穿过铁心的被测电路导线就成为电流互感器的一次绕组，其中通过电流便在二次绕组中感应出电流，从而二次绕组相连接的电流表便可测出被测线路的电流。钳形表可以通过转换开关的拨挡，改换不同的量程。

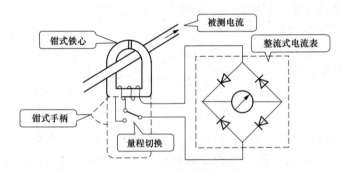

图1-24　钳形电流表原理图

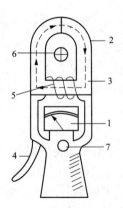

图1-25　钳形电流表结构图
1—电流表；2—电流互感器；3—铁心；4—手柄；
5—二次绕组；6—被测导线；7—量程开关

钳形电流表的结构如图1-25所示。互感器的铁心制成活动开口且成钳形，活动部分与手柄4相连。当紧握手柄时电流互感器的铁心张开时，可将被测载流导线6置于钳口中，该载流导线成为电流互感器的一次绕组。关闭钳口，在电流互感器的铁心中就有交变磁通通过，互感器的二次绕组5中产生感应电流。电流表接于二次绕组两端，它的指针所指示的电流与钳入的载流导线的工作电流成正比，可直接从刻度盘上读出被测电流值。

（二）钳形电流表的正确使用

互感式钳形电流表准确度较低，通常为

2.5～5级，但它不需要切断电路即能测量，因此应用很广泛。

1. 使用方法

（1）检查钳形表。使用前，检查钳形电流表有无损坏，指针是否指向"0"位。如发现没有指向"0"位，可用小螺钉旋具轻轻旋动机械调零旋钮，使指针回到"0"位上。检查钳口的开合情况以及钳口面上有无污物。如钳口面有污物，可用溶剂洗净并擦干；如有锈斑，应轻轻擦去锈斑。

（2）选择合适的量程。根据被测电流大小来选择合适的量程。选择的量程应稍大于被测电流数值。若被测电流的大小未知，应先选用最大量程估测。转换量程应在退出导线后进行。

（3）测量电流。紧握钳形电流表的把手和扳手，按动扳手打开钳口，将被测线路的一根载流电线置于钳口内中心位置，再松开扳手使两钳口表面紧紧贴合。

（4）记录测量结果。将钳形电流表拿平，然后读数，即测得的电流值。

注 意

当被测电流过小（小于5A）时，为了得到较准确的读数，若条件允许，可将被测导线绕几圈后套进钳口进行测量，调整缠绕匝数使指针大约指在表盘刻度的 3/5 处，此时，钳形表读数除以钳口内的导线根数，即为实际电流值。

（5）维护保养。使用完毕，退出被测电线，将量程选择旋钮置于高量程挡位或"OFF"挡上，以免下次使用时不慎损伤仪表。

2. 使用注意事项

（1）由于钳形电流表要接触被测线路，所以测量前一定检查表计的绝缘性能是否良好，即外壳无破损，手柄应清洁干燥。

（2）当电缆有一相接地时，严禁使用钳形电流表测量，防止出现因电缆头的绝缘水平低发生对地击穿爆炸而危及人身安全。

（3）测量时，应注意身体各部分与带电体保持安全距离（低压系统安全距离为 0.1～0.3m）。测量高压电缆各相电流时，电缆头线间距离应在 300mm 以上，且绝缘良好。观测表计时，要特别注意保持头部与带电部分的安全距离，人体任何部分与带电体的距离不得小于钳形表的整个长度。

（4）钳形电流表不能用于测量裸导体的电流。

（5）严禁在测量进行过程中切换钳形电流表的挡位；若需要换挡时，应先将被测导线从钳口退出再更换挡位。

（6）严格按电压等级选用钳形电流表。低电压等级的钳形电流表只能测低压系统中的电流，不能测量高压系统中的电流。

（三）UT205A 型数字钳形电流表

UT205A 型数字钳形电流表为手持式数字钳形表，可用于测量交直流电压、交流电流、电阻、二极管、电路通断、频率/占空比。该仪表操作简单，携带方便。

1. 仪表的结构

UT205A 型数字钳形电流表的结构如图 1-26 所示。

图 1-26 UT205A 数字钳形电流表

① 交流电流钳头：用于检测交流电流。

② 功能量程开关：用于选择各种功能和量程。

③ 扳机：按下扳机，钳头张开，松开扳机，钳头自动合拢。

④ LCD 显示。

⑤ 按键开关：用于选择各种功能，主要有选择测量（SE-LECT）、保持显示（HOLD）、频率/占空比显示（Hz/％）、背光控制四个按键开关。

选择测量（SELECT）：当两个或以上测量功能复合在同一功能量程时，按 SELECT 可以选择需要的测量功能。

保持显示（HOLD）：按 HOLD 键使仪表保持显示当前显示值，再按 HOLD 键时退出保持显示功能。

频率/占空比显示（Hz/％）：在频率量程测量频率时，按"Hz/％"键可以来回选择显示频率或者占空比；在电压电流测量时，按"Hz/％"键可以选择进入频率/占空比测量显示，频率测量范围为 1Hz～1kHz，再按"Hz/％"键则返回电压电流测量显示。

⑥ V 插孔：测量电压时的正极输入端，插入红表笔。

⑦ COM 插孔：负极输入端，插入黑表笔。

⑧ 电阻、二极管、电路通断、频率/占空比插孔：测量电阻、二极管、电路通断、频率/占空比时的正极输入端，插入红表笔。

2. 一般特性

（1）电压输入端和地之间最大电压：600V。

（2）钳头最大测量电流为 1000A AC rms。连续测量：≤1200A AC rms 时，测量时间不超过 60s。

（3）显示方式：液晶显示器显示。

（4）测量原理：双积分 A/D 转换。

（5）量程选择：自动。

（6）单位显示：具有功能、电量单位符号显示。

（7）极性显示：负极性输入显示"－"符号。

（8）过量程显示："OL"。

（9）数据保持功能：LCD 上方显示"H"。

（10）背光源功能：手动点亮和熄灭。

（11）钳头张开最大尺寸：40mm。

（12）工作温度：5～35℃。

（13）存储温度：－10～50℃。

3. 仪表的使用

（1）交流电流测量。将功能量程开关置于 1000A 交流电流测量挡。按下扳机，张开钳头把导线夹在钳内，合上钳头，即可测得流经导线的电流值。为保证测量准确度，被测导体应位于钳口的中心位置。从显示器上读取测量结果，为正弦波有效值（平均值响应）。

（2）直流电压测量。将红表笔插入"V"插孔，黑表笔插入"COM"插孔。将功能量程开关置于直流电压测量挡，并将表笔并联到待测电源或负载上，从显示器上读取测量结果。注意：不要测量高于1000V或600Vrms的电压，显示更高的电压是可能的，但会损坏仪表；在测量高电压时要注意安全。

（3）交流电压测量。将红表笔插入"V"插孔，黑表笔插入"COM"插孔，将功能量程开关置于交流电压测量挡，并将表笔并联到待测电源或负载上。从显示器上读取测量结果，为正弦波有效值（平均值响应）。注意：不要测量高于1000V或600Vrms的电压，显示更高的电压是可能的，但会损坏仪表；在测量高电压时要注意安全。

（4）电阻测量。将红表笔插入"Ω"插孔，黑表笔插入"COM"插孔。将功能量程开关置于"Ω"测量挡，并将表笔并联到被测电阻上。从显示器上读取测量结果。注意：如果被测电阻开路或超过仪表最大量程时，显示器将显示"OL"；严禁带电测量电阻值；测量1MΩ以上的电阻时，可能需要几秒钟后读数才会稳定。

（5）二极管测试。将红表笔插入二极管插孔，黑表笔插入"COM"插孔，红表笔极性为"+"，黑表笔极性为"-"。将功能量程开关置于二极管测/电路通断测试挡，再按SELECT键选择进入二极管测试功能，红表笔接到被测二极管的正极，黑表笔接到二极管的负极。从显示器上读取被测二极管的近似正向压降值，一般为0.5～0.8V。注意：如果被测二极管开路或者极性反接时，显示器将显示"OL"。

（6）电路通断测试。将红表笔插入电路通断插孔，黑表笔插入"COM"插孔，将功能量程开关置于二极管测/电路通断测试挡，再按SELECT键选择进入电路通断测试功能，并将表笔并联到被测电路的两端。如果该两端之间的电阻值低于70Ω，内置蜂鸣器会发出响声，表示被测电路为导通。注意：如果被测电路处于开路状态时，显示器将显示"OL"。

（7）频率/占空比测试。将红表笔插入"Hz"插孔，黑表笔插入"COM"插孔，将功能量程开关置于"Hz/%"测试挡，并将表笔并联到待测信号源上。在进行频率测量时，按一次"Hz/%"键即进入频率测量功能，再按一次"Hz/%"键即进入占空比测量，按第三次则返回原测量功能，从显示器上读取测量结果。注意：在占空比测量时，当输入信号为高或低电平时，显示器将显示"000.0%"。

4. 使用注意事项

（1）使用前要检查仪表及表笔，谨防任何损坏或不正常的现象，如果发现任何异常情况，如表笔裸露、机壳破损、液晶显示器无显示等，不要进行测量。

（2）当仪表正在测量时，不要接触裸露的电线、连接器、没有使用的输入端或正在测量的电路。

（3）测量高于直流60V或交流30V以上的电压时，务必小心谨慎，切记手指不要超过表笔金属部分，防止触电。

（4）在不能确定被测量的大小范围时，将功能量程开关置于最大量程位置。切勿超过每个量程所规定的输入极限值。

（5）不要测量高于允许值的电压或电流。

（6）不要带电切换功能量程开关。

（7）进行电阻、二极管、电路通断测量之前，必须先关断电路中所有电源。

（8）不要在高温、高湿、易燃、易爆和强磁场环境中存放、使用仪表。

三、绝缘电阻表

绝缘电阻表（俗称摇表）是一种简便、常用的测量绝缘电阻用的仪表，主要用来检测供电线路、电机绕组、电缆、电器设备等的绝缘电阻，以保证这些设备、电器和线路工作在正常状态，避免发生触电伤亡及设备损坏等事故。绝缘电阻表外形如图 1-27 所示。

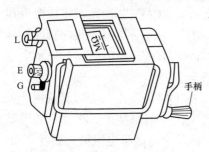

图 1-27　绝缘电阻表外形图

常用的绝缘电阻表主要由一个磁电式流比计和一个供作测量电源的手摇直流发电机组成。绝缘电阻表有 ZC-7 型、ZC-11 型、ZC-25 型等。绝缘电阻表额定电压有 250、500、1000、2500V 等几种，测量范围有 500、1000、2000MΩ 等几种。因为绝缘电阻表在使用时，实际加在绝缘电阻上的电压低于手摇发电机发出的电压，所以选用绝缘电阻表电压范围时，一般应高于被测物的额定电压，并照顾到不损坏被测物，这样才能测试出被测物是否能在额定电压下达到必要的绝缘电阻值。

按常规，当测量额定电压 500V 以上绕组的绝缘电阻时，应使用 1000V 绝缘电阻表；当测量额定电压不到 500V 绕组的绝缘电阻时，应使用 500V 绝缘电阻表；对于有规程规定的，应以规程为准。

测量额定电压 380V 以下发电机绕组的绝缘电阻时，应使用 1000V 绝缘电阻表；测量电力变压器以及 500V 以上的发电机时、电动机绕组的绝缘电阻，应使用 1000～2500V 绝缘电阻表；测量额定电压 500V 以上电气设备绝缘电阻时，可使用 2500V 绝缘电阻表。不同额定电压绝缘电阻表使用范围见表 1-1。

表 1-1　　　　　　　　　　不同额定电压的绝缘电阻表使用范围

测量对象	被测绝缘的额定电压（V）	所选用绝缘电阻表的额定电压（V）
线圈绝缘电阻	500 以下	500
	线圈绝缘电阻	500 以上
电力变压器或电机的线圈绝缘电阻	500 以上	1000～2500
发电机线圈绝缘电阻	380 以下	1000
电气设备绝缘	500 以下	500～1000
	500 以上	2500
绝缘子	—	2500～5000

（一）使用方法

现以 ZC25-7 型携带式绝缘电阻表为例说明绝缘电阻表的使用方法。

绝缘电阻表上有三个接线柱：L 接线柱，用来接被测对象；E 接线柱，用来接地；G 接线柱，称为屏蔽接线端子或保护环，如在天气潮湿情况下测电缆的绝缘电阻时应使用，其作用是消除表壳表面接线柱 L 与 E 间的漏电以及电缆绝缘层表面泄漏电流对绝缘电阻值的影响。

（1）绝缘电阻表使用前应做开路和短路试验。使 L、E 两接线柱处在断开状态，以 120r/min 的转速摇动摇柄，指针应缓慢指向"∞"；将 L 和 E 两个接线柱短接，顺时针慢慢地扳动手柄，指针应瞬时指向"0"位。这两项都满足要求，说明绝缘电阻表是好的。

（2）测量前切断被测设备电源并放电，对大容量的电缆或电容，注意在放电时不能直接短接放电，必须要串电阻放电，以保证人身安全和测量准确。被测物表面应擦干净。

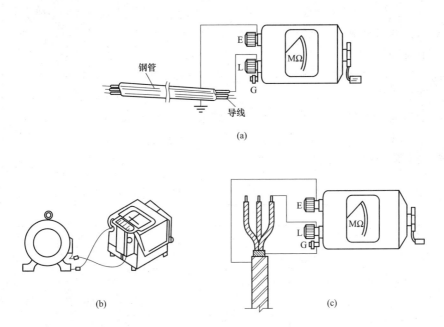

（3）正确接线并测试读数。

1）如图 1-28（a）所示，用绝缘电阻表测量线路对地绝缘电阻时，应将仪表放平，E、L两个接线柱也可以任意连接，即 E 可以与接被测物相连接，L 可以与接地体连接（即接地），以 120r/min 的转速摇动摇柄，此时，指针的指示值即为被测物的绝缘电阻。

图 1-28　绝缘电阻表测量接线图
（a）测量线路对地绝缘电阻；（b）测量电动机的绝缘电阻；（c）测量电缆

2）如图 1-28（b）所示，用绝缘电阻表测量电动机的绝缘电阻时，将绝缘电阻表 E 接线柱接机壳（即接地），L 接线柱接到电动机某一相的绕组上，以 120r/min 的转速摇动摇柄，测出的绝缘电阻值就是某一相的对地绝缘电阻值。

3）测量电缆的导电线芯与电缆外壳的绝缘电阻时，将接线柱 E 与电缆外壳相连接，接线柱 L 与线芯连接，同时将接线柱 G 与电缆壳、芯之间的绝缘层相连接，如图 1-28（c）所示。

以 120r/min 的转速摇动摇柄，指针缓慢的由低向高偏转，当指针相对稳定时，在手柄摇动过程中读数和断开被测物。切记不能停下来断开电缆或电容，否则将损坏摇表。

（4）测量完后将被测物放电，在绝缘电阻表的手柄未停止转动和被测物未放电前，不可用手去触及被测物的测量部分或拆除导线，以防触电。

（二）使用注意事项

（1）被测物必须与其他电源断开，其表面应擦拭干净。测量完毕后，被测物应充分放电，以防造成触电事故。

（2）仪表的发电机电压等级应与被测物的耐压水平相适应，以避免把被测物的绝缘击穿。

（3）仪表的发电机在转动时，不得将端钮短路，也不能进行导线拆除工作。

（4）转动手摇发电机时应由慢到快，待高速器发生滑动后，便可保持均衡转速使表针稳定下来，并读数。如遇被测物短路，表针摆到"0"位，应立即停止摇动，以避免绝缘电阻表过流损坏。

四、电子式多功能绝缘电阻测试仪

下面以 UT513 型电子式多功能绝缘测试仪器为例说明，整机电路设计采用微机技术设计为核心，以大规模集成电路和数字电路相组合，配有强大的测量和数据处理软件，能够完成绝缘电阻、电压等参数测量。其性能稳定，操作简便，适用于现场电气设备和供电线路的测量及检修的用户。

（一）UT513 型绝缘电阻测试仪技术规格

（1）显示：液晶显示，显示最大读数为 9999。

（2）低电池警告。

（3）超限指示："OL"标记出现在绝缘电阻范围上。

（4）自动量程功能。

（5）单位显示：具有功能、电量单位符号显示。

（6）工作条件：0～40℃，相对湿度 85% 或更少些。

（7）绝缘电阻测试（见表 1-2）。

表 1-2　　　　　　　　　　　　　绝 缘 电 阻 测 式

额定电压	500V	1000V	2500V	5000V
测量范围	$0.5M\Omega \sim 20G\Omega$	$2M\Omega \sim 40G\Omega$	$5M\Omega \sim 99G\Omega$	$100M\Omega \sim 1000G\Omega$
开路电压	DC500V+20%，−0%	DC1000V+20%，−0%	DC2500V+20%，−0%	DC5000V+20%，−0%
定格测定电流	500kΩ 负荷时 1～1.2mA	1MΩ 负荷时 1～1.2mA	2.5MΩ 负荷时 1～1.2mA	5MΩ 负荷时 1mA～1.2mA
短路电路	小于 2.0mA			
准确度	$100k\Omega \sim 100M\Omega$，±(3%+5)；$100M\Omega \sim 10G\Omega$，±(5%+5)；$10G\Omega \sim 99G\Omega$，±(10%+5)；$100G\Omega$ 以上，[±(20%+5) 湿度在 50%RH 以下]			

 注 意

在任何额定测试电压下，被测电阻低于 10MΩ 时，不得连续测量超过 10s。

（8）电压测试（见表 1-3）。

表 1-3　　　　　　　　　　　　电 压 测 试

	直流电压	交流电压
测量范围	±30～±600V	30～600V（50/60Hz）
分辨率	1V	
准确度	±（2%+5）其中 30～100V（50/60Hz）±（2%+8）	

（二）UT513 型绝缘电阻测试仪结构

（1）仪器正面视图与专用测试夹如图 1-29 所示。图中各部分名称见表 1-4。

（2）UT513 型绝缘电阻测试仪侧面视图如图 1-30 所示。

（3）LCD 显示图如图 1-31 所示。图中各符号、标志含义见表 1-5。

（三）UT513 绝缘电阻测试仪使用

1. 按键功能

（1）ON/OFF。按"ON/OFF"1s 开机，再按一次关机。

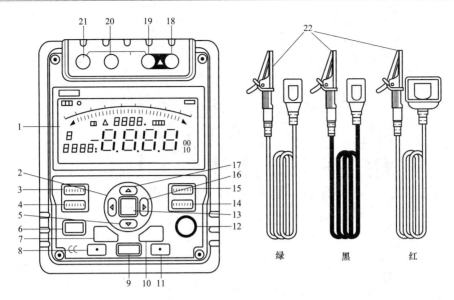

图 1-29 UT513 型绝缘电阻测试仪正面视图与专用测试夹

(a) 正面视图；(b) 专用测试夹

表 1-4   UT513 型绝缘电阻测试仪各组成部分名称

1	显示液晶屏	12	测试使用按钮
2	选择按钮	13	USB 传输按钮
3	应急关机按钮	14	数据存储按钮
4	背光与数据清除按钮	15	读存储数据按钮
5	▼选择按钮	16	选择按钮
6	电源开关按钮	17	▲选择按钮
7	比较功能按钮	18	LINE 高压输出插入口（双头红线）
8	绝缘电阻测量按钮	19	高压线屏蔽插入口（双头红线）
9	直流电压测量按钮	20	GUARD：接地保护插入口（单头黑线）
10	定时器按钮	21	EARTH：高阻测量插入口（单头绿线）
11	交流电压测量按钮	22	专用测试夹（绿、黑）和专用双插头测试夹（红）

（2）CLEAR/＊。短按打开或关闭背光源，长按擦除存储数据。

（3）E—STOP。复位关机应急，当出现死机后没办法关闭电源的情况下按此键。

（4）SAVE。存储当前液晶数据，当存储数据个数显示为 18 时，液晶会显示 FULL 符号，表示存储器满，须按"CLEAR"键擦除存储器内的数据才可以存储下一组数据。

（5）LOAD（无高压输出时此功能有效）。按 1 次，读第一组存储数据，再按退出 LOAD 操作。

（6）"▲"键。当绝缘电阻测量无测试电压输出时，"▲"为测试电压上挡选择键。当 LOAD 操

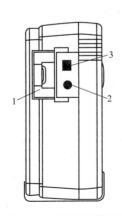

图 1-30 仪器侧面视图

1—活动门；2—适配器插孔按钮；3—USB 插入孔

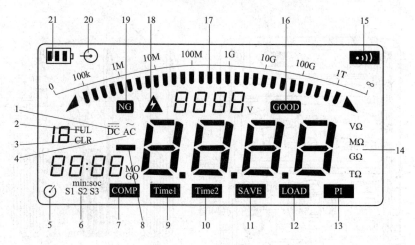

图 1-31　LCD 显示图

表 1-5　　　　　　　　　　　　　　　LCD 显示图中各部分含义

1	直流符号	12	读存储数据提示符
2	存储数据满符号	13	极化指数标志
3	清零符号	14	单位符号
4	交流符号	15	蜂鸣器符号
5	定时器标志	16	比较功能通过提示符
6	步进提示符	17	条形图（模拟条）
7	比较功能标志	18	高压提示符
8	负极符号	19	比较功能不通过提示符
9	定时器 1 标志	20	适配器符号
10	定时器 2 标志	21	电池标志
11	数据存储提示符		

作时，"▲"为上调下一组数据选择键。

（7）"▼"键。当绝缘电阻测量无测试电压输出时，"▼"为测试电压下挡选择键。当 LOAD 操作时，"▼"下调下一组数据选择键。

（8）"◄"键。

1）当定时测量绝缘电阻或测量极化指数时，用来递减设置时间。

2）当比较功能测量绝缘电阻时，用来递减设置比电阻较值。

3）当极化指数测量结束时，循环显示极化指数、TlME 2 绝缘电阻值和 TIME 1 绝缘电阻值。

（9）"►"键。

1）当定时测量绝缘电阻或测量极化指数时，用来递增设置时间。

2）当比较功能测量绝缘电阻时，用来递增设置电阻比较值。

3）当极化指数测量结束时，循环显示极化指数、TIME 2 绝缘电阻值和 TIME 1 绝缘电阻值。

（10）USB。启动和停止仪器采样数据往电脑上进行传输。

（11）COMP。绝缘电阻测量比较功能测量，开机时，比较值预设为 10MΩ。

（12）TIME。每按 1 次，循环设置绝缘电阻测量模式：连续测量→定时器测最→极化指数测量→连续测量。

（13）TEST。用作开启和关闭绝缘电阻测试电压。

（14）IR。绝缘电阻测量功能。

（15）DCV。直流电压测量功能。

（16）ACV。交流电压测量功能

2. 测量前的准备

（1）按"ON/OFF" 1s 开机，开机时预设测试电压为 500V 绝缘电阻连续测量挡。

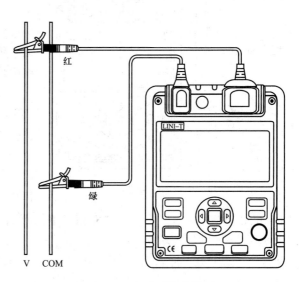

（2）当液晶屏左侧电池标记显示剩 1 格时，说明电池几乎耗尽需要更换电池；在此状态下还能做 500V 和 1000V 输出电压测量，准确度也不受到影响。但是，如果当电池标记为空格时，说明电池电量已到最低极限，必须更换电池。

3. 测量

（1）电压测量。其接线图如图 1-32 所示。

图 1-32　电压测量接线图

1）将红测试线插入"V"输入端口，绿测试线插入"COM"输入端口。

2）将红、绿鳄鱼夹接入被测电路，当测量直流电压时，若红测试线为负电压，则"—"极标志显示在液晶屏上。

 注 意

①不要输入高于 600V 或 600Vrms 的电压，显示更高的电压是有可能的，但有损坏仪器的危险；②在测量高电压时，要特别注意避免触电；③在完成所有的测量操作后，要断开测试线与被测电路的连接，并从仪器输入端拿掉测试线。

（2）绝缘电阻测量。其接线图如图 1-33 所示。

1）在测量绝缘电阻前，待测电路必须完全放电，并且与电源电路完全隔离。

2）将红测试线插入"LINE"输入端口，黑测试线插入"GUARD"输入端口，绿测试线插入"EARTH"输入端口。

3）将红、黑鳄鱼夹接入被测电路，负极电压是从"LIAE"端输出的。

4）选择以下绝缘电阻测量模式：

a. 连续测量。按"TIME"键选择连续测量模式，在液晶屏上无定时器标志显示，此后按住"TEST"键 1s 能够进行连续测量，输出绝缘电阻测试电压，测试红灯发亮，在液晶屏上高压提示符 0.5s 闪烁。测试完成以后，压下"TEST"键，关闭绝缘电阻测试电压，测试红灯灭且无高压提示符，在液晶屏上保持当前测量的绝缘电阻值。

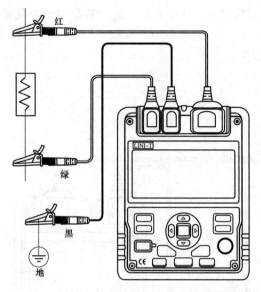

图 1-33 绝缘电阻测量接线图

b. 定时器测量。按"TIME"键选择定时器测量模式,在液晶屏显示"TIME 1"和定时器标志符号,用"◀"和"▶"键设置时间(00∶10~15∶00,1min 内以 10s 步进,以后以 30s 步进),此后压下"TEST"键 2s 能够进行定时器测量,在液晶屏上 TIME 1 标志 0.5s 闪烁。当设定的时间到时,自动结束测量,关闭绝缘电阻测试电压,并且在液晶屏上显示绝缘电阻值。

c. 极化指数测量(能设置到任何时间)。按"TIME"键,在液晶屏显示"TIME 1"和定时器标志符号,用"◀"和"▶"键设置 TIME 1 时间(00∶10~15∶00,1min 内以 10s 步进,以后以 30s 步进)。在设置完 TIME1 时间以后,再按"TIME"键,在显示屏显示"TIME2"、"PI"和定时器标志符号,用"◀"或"▶"键设置 TIME2 时间(00∶15~15∶30,1min 内以 10s 步进,以后以 30s 步进)。此后,压下"TEST"键 2s,当 TIME1 设定时间到之前,在液晶屏上 TIME1 标志 0.5s 闪烁;当 TIME2 设定时间到之前,在液晶屏上 TIME2 标志 0.5s 闪烁;在设定时间 TIME2 测量结束后,在显示屏显示 PI 值,用"◀"或"▶"键循环显示极化指数、TIME2 绝缘电阻值和 TIME1 绝缘电阻值。

极化指数=3min~10min 值/30sec~1min 值

极化指数的标准见表 1-6。

表 1-6 极化指数的标准

极化指数	4 或更大	4~2	2.0~1.0	1.0 或更少
标准	最好	好	警告	坏

d. 比较功能测量。按"COMP"键选择比较功能测量模式,在液晶屏显示"COMP"标志符号和电阻比较值,用"◀"和"▶"键可设置电阻比较值。此后压下"TEST"键 2s,当绝缘电阻值比电阻比较值小,在液晶屏显示"NG"标志符号;否则,在液晶屏显示"GOOD"标志符号。

 注意

①在测试前,确定待测电路无电,请勿测量带电设备或带电线路的绝缘;②在测试时,该仪器有危险电压输出,一定要小心操作,在确保被测物已夹稳、手已离开测试夹后,再按"TEST"键输出高压;③请勿在高压输出状态短路两个测试表笔或高压输出之后再去测量绝缘电阻,这种不当操作极易产生火花而引起火灾,还会损坏仪器本身;④当 500V 测量电阻低于 2MΩ,1000V 测量电阻低于 5MΩ,2500V 测量电阻低于 10MΩ,5000V 测量电阻低于 20MΩ 时,测量时不要超过 10s。

五、相序表

相序表是检测三相电压相序的仪表。在电能计量工作中，由于计量二次回路接线较为复杂，很容易造成三相电压接线与电能表真正要求的电源相序不符，导致测量仪表接线错误，从而造成计量差错。因此，在实际工作中检查相序的正确性是非常必要的工作。

相序表分电工型和电子型两种结构，如图 1-34 所示。电工型相序表内部结构类似三相交流电动机，有三相交流绕组和非常轻的转子，可以在很小的力矩下旋转。其中三相交流绕组的工作电压范围很宽，从几十伏到 500 伏都可工作。测试时，依转子的旋转方向确定相序；也有通过阻容移相电路，使不同相序由不同的信号灯显示。

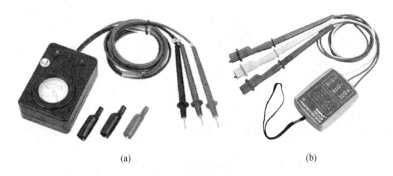

(a)　　　　　　　　　　　　　(b)

图 1-34　相序表
(a) 电工型相序表；(b) 电子型相序表

相序表可检测工业用电中出现的缺相、逆相等故障现象。其使用方法如下：

（1）接线。将相序表三根表笔线 A（黄）、B（绿）、C（红）分别对应接到被测源的 A、B、C 三根相线上。

（2）相序指示。当被测源三相相序正确时，与正相序所对应的绿灯亮；当被测源三相相序错误时，与逆相序所对应的红灯亮，蜂鸣器发出报警声。

（3）缺相指示。面板上的 A、B、C 三个发光二极管分别指示对应的三相来电。当被测电源缺相时，对应的发光管不亮。

（4）测量。按下仪表左上角的测量按钮，灯亮，即开始测量，松开测量按钮时，停止测量。

六、接地电阻测量仪

接地电阻测量仪是用来直接测量接地装置接地电阻的携带式仪表，也可用来测量低电阻导体的电阻值。其分为手摇式接地电阻测量仪和数字接地电阻测量仪。

（一）手摇式接地电阻测量仪

手摇式接地电阻测量仪由手摇发电机、电流互感器、滑线电阻及检流计等组成，全部置于一个铝合金铸成的外壳内，如图 1-35 所示。接地电阻测量仪的表面有三个端钮 E、P、C；也有四个端钮的，即 C1、P1、P2、C2，四个端钮的仪表还可以用来测量土壤的电阻率。

手摇式接地电阻测量仪的使用方法如下：

（1）将仪表平放在适当位置，检查检流计的指针是否指于中心线上；如不在中心线上，则调节零位调整器，使测量仪表指针指向中心线。把被测接地装置的接地引下线解扣并与仪表的 E 接线柱相连；在距接地极 E′ 为 20m 处插处电流探针 C′，并使 E′、P′、C′ 在一条直线上，并用绝缘导线将电位探针 P′ 与 P 接线柱相连，电流探针 C′ 与 C 接线柱相连。

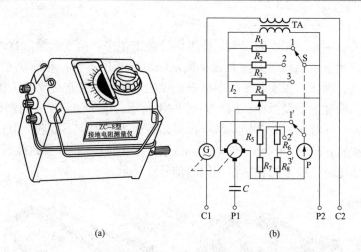

图 1-35　ZC-8 型接地电阻测量仪

(a) 外形图；(b) 内部电路图

（2）将"倍率标度"置于最大倍数，慢慢转动发电机的摇把，同时旋动"测量标度盘"，使检流计的指针指于中心线。

（3）当检流计的指针接近平衡（即指针停在中心红线外）时，再加快摇动转速使其达到 120r/min，并同时调整"测量标度盘"，使指针稳定地指于中心线上。

（4）如果"测量标度盘"的读数小于 1，应将"倍率标度"置于较小的倍数，再重新调整"测量标度盘"，以便得到正确的读数。

（5）用"测量标度盘"的读数乘以"倍率标度"的倍数，即为所测的接地电阻值。

（6）当检流计的灵敏度过高时，可将电位探针插入土壤中的深度调浅一些；当灵敏度不够时，可沿电位探针和电流探针处注入水湿润。

（7）当接地极 E′ 和电流探针 C′ 之间的距离大于 20m 时，或电位探针 P′ 的位置插在偏离 E′、C′ 之间的直线 12m 以外时，测量的误差要不计；但 E′、C′ 间的距离小于 20m 时，则应将电位探针 P′ 正确地插于 E′ 和 C′ 的直线中间。

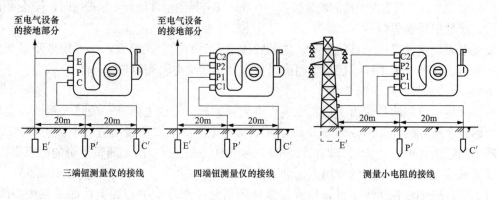

图 1-36　用 ZC-8 型接地电阻仪测接地电阻（一）

（a）接线方法

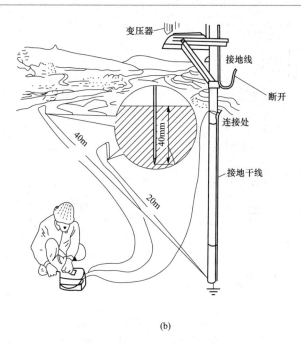

（b）

图 1-36　用 ZC-8 型接地电阻仪测接地电阻（二）

（b）测量方法

（二）数字接地电阻测量仪

数字接地电阻测量仪是一种摒弃了传统的人工手摇发电工作方式，采用先进的中大规模集成电路，应用 DC/AC 变换技术，将三端钮、四端钮测量方式合并为一的新型接地电阻测量仪。其外形如图 1-37 所示。

数字接地电阻测量仪的工作原理是由机内 DC/AC 变换器将直流变为交流的低频恒流经过辅助接地极 C 和被测物 E 组成的回路，在被测物上产生交流压降，经辅助接地极 P 送入交流放大器放大，再通过检波送入表头显示。借助倍率开关，可以得到三个不同的量：$0 \sim 2\Omega$、$0 \sim 20\Omega$、$0 \sim 200\Omega$。

1. 使用方法

（1）接地电阻测量。按图 1-38（a）接线。

1）使被测接地极 E（C2、P2）、电位探针 P1 及电流探针 C1 依直线彼此相距 20m 插入大地，且电位探针处于 E、C 中间位置。

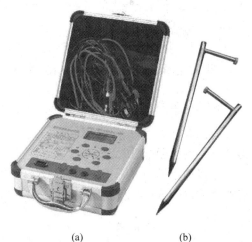

（a）　　　　（b）

图 1-37　数字接地电阻测量仪

（a）数字接地电阻测量仪；（b）探针

2）用专用导线将接地电阻仪端子 E（C2、P2）、P1、C1 与探针所在位置连接。

3）开启接地电阻仪电源开关"ON"，选择合适挡位轻按按键，该挡指示灯亮，表头 LCD 显示的数值即为被测得的地电阻。

（2）土壤电阻率的测定。按图 1-38（b）接线。

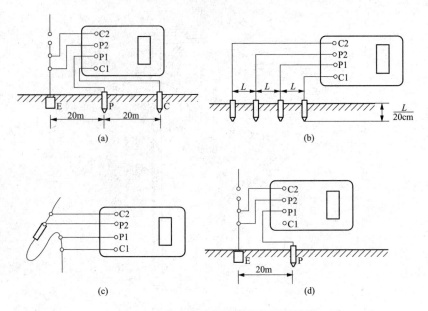

图 1-38　数字接地电阻测量仪测量接线
（a）接地电阻测量接线；（b）土壤电阻率测量接线；（c）导体电阻测量接线；（d）接地电压测量接线

1）测量时在被测的土壤中沿直线插入四根探针，并使各探针间距相等，各间距的距离为 L（要求探针入地深度为 $L/20$cm），用导线分别从 C1、P1、P2、C2 各端子与四根探针相连接。若地阻仪测出电阻值为 R，则土壤电阻率的计算式为

$$\phi = 2\pi RL$$

式中　ϕ——土壤电阻率，Ω·cm；

　　　L——探针与探针之间的距离，cm；

　　　R——地阻仪的读数，Ω。

用此法测得的土壤电阻率可近似认为是被埋入土壤探针之间区域内的平均土壤电阻率。

2）测地电阻、土壤电阻率所用的探针一般用直径为 25mm、长为 0.5～1m 的铝合金管或圆钢。

（3）导体电阻的测量。按图 1-38（c）接线。

开启电源开关"ON"，选择合适挡位轻按按键，该挡指示灯亮，表头 LCD 显示的数值即为被测得的电阻。

（4）接地电压测量。按图 1-38（d）接线。启动地电压（EV）挡，指示灯亮，读取表头数值即为 E、P1 间的交流地电压值。

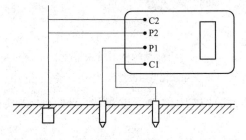

图 1-39　测量小于 1Ω 接地电阻的接线

2. 使用注意事项

（1）测量保护接地电阻时，一定要断开电气设备与电源连接点。在测量小于 1Ω 的接地电阻时，应分别用专用导线连在接地体上，C2 在外侧 P2 在内侧，如图 1-39 所示。

（2）测量地电阻时最好反复在不同的方向测量 3～4 次，取其平均值。

（3）测接地体应先进行除锈等处理，以保证电气连接可靠。

（4）两插针设置的土质必须坚实，不能设置在泥地、回填土、树根旁、草丛等位置。

（5）测量完毕，按"OFF"键，关闭仪表。存放保管本表时，应注意环境温度湿度，应放在干燥通风的地方，避免受潮，应防止酸碱及腐蚀气体。

七、单相电能表现场校验仪

单相电能表现场校验仪用于现场在线检测单相电能表的准确度，可在不断电、不拆线的情况下测量电压有效值、电流有效值、有功功率、功率因数以及负载特性，同时还可以存储现场数据，并将存储的数据传输至计算机。其外形如图 1-40 所示。

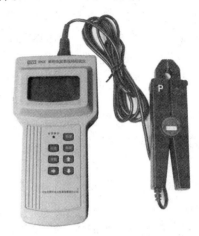

（一）测量电压、电流、功率、功率因数

1. 接线

将电压输入线接到被测电能表的电压进线端（红线接 220V 相线，黑线接 220V 中性线）；将钳形电流互感器夹到被测电能表的出线上。

2. 测量参数显示

检验仪的液晶显示器将分行显示各种用电参数。

图 1-40　单相电能表现场校验仪

其中：

第一行：显示电能表的用电功率因数。若显示"功率因数 ———"，表示钳形电流互感器没夹或者电流为零。若显示"功率因数 FULL"，表示电表的用电功率因数超过测量范围。

第二行：显示电能表的用电电压，单位为 V。若显示"电压 FULL"，表示电能表的用电电压超过测量范围。

第三行：显示电能表的用电电流，单位为 A。若显示"电流 FULL"，表示电能表的用电电流超过测量范围。

第四行：显示电能表的用电有功功率，单位为 W。若显示"有功功率 FULL"，表示电能表的用电有功功率超过测量范围。

（二）校验电能表

1. 接线

（1）将电压线接到被校电能表的电压进线端，如果电压线不好接，也可以接在插座、保险盒、闸刀等处，直接取出电压。所配电压线为红、黑两根线，红线接 220V 的相线，黑线接 220V 的中性线。

（2）将钳形电流互感器夹到电能表的出线上取出电流。

（3）将与信号采集器配套的卡座卡在电能表上，将信号采集器牢固安装在卡座上，再将信号采集器的另一头插在测试仪的控制输入孔上。

注 意

如果是电子式电能表，那么选配的脉冲采样线一头接在测试仪的高低脉冲输入孔（光电输入孔），另一头取电能表的脉冲信号。

2. 预置参数

校验电能表前需正确预置参数。

(1) 测试仪加电后，电源指示灯亮，按"常数"键，光标指在第一行控制，选择"自动"。

(2) 按"常数"键，光标指在第二行电能表常数，单位为 r/(kW·h) ［其初始值为 1200，表示电能表常数为 1200r/(kW·h)］，可以通过光标"↑↓→"来改变数值大小。

(3) 按"常数"键，光标指在第三行圈数，一般设置为 10 圈或者 20 圈（可以通过光标"↑↓→"来改变数值大小）。

(4) 按"常数"键，光标指在第四行表号。如果要测试多个电能表，需要给每个电能表编号；如果只是测试一个电能表，则不需编号。

(5) 按"常数"键，光标指在第五行等级，等级选择电能表的等级。如果选择"2.0"，表示其校验误差不超过±2.0%。

(6) 按"常数"键，光标指在第六行合格率 100%。

(7) 按"常数"键，光标回到第一行控制。

3. 采集电能表信号

如果是机械式电能表，将光电信号采集器的光点对准电能表的转盘，待电能表转盘转一圈后，可自动采集到黑标；如果是电子式电能表，将光电信号采集器的光点对准电能表的脉冲信号（如果采集不到黑标，可适当调整光电采集器的上下或前后距离）。

按下"校表"键，当转盘转到所设置的圈数时，测试仪可自动显示校验误差。在校表过程中，当电能表转盘的第一个黑标信号来时，显示器的圈数显示预置的圈数，以后每出现一次黑标，圈数显示减 1，同时发出一声短响。当被校电能表转盘转到圈数倒计减为 0 时，显示器最后一行即显示出该电能表在当时用电情况下的误差，同时自动开始下一个校验过程。每次误差计算结果的显示值将保持到下一次校验的误差值来代替为止。

 注 意

　　校验电子式电能表时，信号采集时可以将信号采集器的光点对准闪烁的发光管，按以上的有关步骤就可以采集到信号。

4. 读数

误差显示的意义：校验误差的过程中，测试仪显示的校验误差有正负之分，正误差不显示符号，负误差显示"－"号，正误差表示电表转的快，负误差表示电表转的慢。显示校验误差"√"表示校验误差不超过±2.0%，符合等级 2.0 的要求；如果显示"×"，表示误差较大，超过±2.0%。

按下"测量"键，可以读出此时的电压、电流、功率及功率因数等。

(三) 使用注意事项

(1) 测试仪的电压线中的红线接火线；电压线中的黑线接中性线。接线时，必须先加电压，后加电流；拆线时，必须先取下钳形电流互感器，再断电压。

(2) 在夹钳形电流互感器时，一定要让电流线从钳形电流互感器的圆孔中穿过，钳口要合严，不要将线夹到钳口上，以免影响测量准确度。

(3) 钳形电流互感器表面要干净，钳口要保持清洁，以免造成测试仪性能下降，导致测量不准；当误差显著增大或使用 3 个月以上，应将钳形电流互感器的钳口擦干净后再用。

（4）应注意防水、防潮，存放于干燥处。

八、三相电能表现场校验仪

三相电能表现场校验仪是专为电力系统现场检验电网计量表计运行误差和故障检测而设计的。其可用于单相、三相有功和无功电能表，机械式、感应式或电子式电能表，以及其他多种电工仪表的高准确度误差准确校验、交流电参数的精密测试；也可用于电能计量装置的现场校验、在线检测、安装调试、错误接线检查，以及变比测量、追补电量、计能累计、谐波分析等。三相电能表现场校验仪由于使用高准确度的内部互感器和钳形互感器进行采样，使得操作人员可以迅速、安全可靠测得的计量表计误差和接线错误，为电力系统计量人员正确计量、追补电量提供了有效的依据。下面以 DK-45C 型三相电能表现场校验仪为例来说明，如图 1-41 所示。

（一）技术指标

（1）电压量程范围：57、100、220、380V；自动切换量程。

（2）电流量程范围：（直接输入）0.2、1、2、20A；（二次钳表输入）1、5、20A；（一次钳表输入）大钳表，单一量程，可选 100、200、300、500、1000A。

（3）频率：40～70Hz。

（4）相位：0～359.99。

（5）脉冲输入范围：0.01～200000Hz。

（6）环境温度：使用温度为-10～55℃；储存温度为-40～75℃。

（7）相对湿度：<95％。

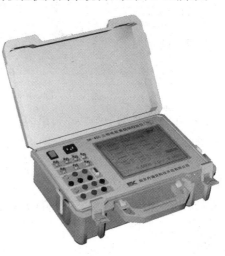

图 1-41　DK-45C 型三相电能表现场校验

（二）功能与面板接线

1. 功能

（1）可现场校验单相有功电能表、三相三线有功电能表、三相四线有功电能表、三相三线无功电能表、三相四线无功电能表。

（2）可快速对三相三线系统的 48 种接线、三相四线系统的 96 种接线方式进行检查。

（3）具有 2～31 次谐波分析功能，能测量三相 6 通道信号谐波含量、失真度，并以数据或柱状图或信号波形形式显示结果。

（4）测量显示实时相位，显示六角图，方便分析现场接线。

（5）具有现场校验数据管理软件，可实现被检表计的计算机数据管理。

（6）能在一屏内显示三相电压、电流、5 个相位、频率、有功功率、无功功率、电能、误差、矢量图；在不同屏内显示功率因数，任意相电压电流两通道的实时波形及失真度，以及接线方式的查线结果。

（7）能在线测量互感器变比。

2. 面板接线

DK-45C 型三相电能表现场校验仪面板接线如图 1-42 所示。

（1）电源开关打开时开关上的发光管点亮。

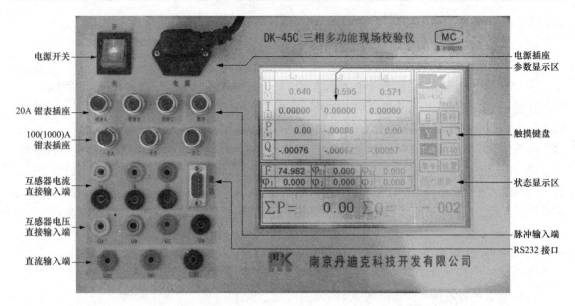

图 1-42　DK-45C 型三相电能表现场校验仪面板接线图

（2）电源插座接 220V 交流电源。

（3）20A 钳表插座接 20A 钳表测二次电流。

（4）100A 钳表插座接 100A（或 1000A）钳表测一次电流。

（5）互感器电流直接输出端接不大于 24A 的电流。黄、绿、红端分别为 A、B、C 相电流输入端，三个黑端为 A、B、C 的输出端。

（6）互感器电压输出端分别接黄（A 相电压）、绿（B 相电压）、红（C 相电压）和黑（电压公共端）。

（7）变送器直流输入端 UDC 接 5V 直流电压输入，IDC 接 20mA 直流电流输入。

（8）脉冲输入端：1（脉冲输入）、2（脉冲输出）、3（直流 5V）、4（空）、5（地）。

（9）RS232 接口与计算机相联将数据上传到计算机。

（10）屏功能分区：

1）参数显示区：显示电压、电流功率频率和相位。

2）触摸键盘区：按相应的键盘可以切换到相应的功能。

	L₁	L₂	L₃
U [V]	100.00	100.00	100.00
I [A]	5.00000	5.00000	5.00000
P [W]	500.00	500.00	500.00
Q [var]	0.00000	0.00000	0.00000
F	50.000 φ₂ 120.00 φ₃ 240.00		
φ₁	0.000 φ₂ 0.000 φ₃ 0.000		

$$\sum P = 1500.00 \quad \sum Q = 0.00000$$

图 1-43　主测量界面

3）状态显示区：显示当前电流的工作状态分直接输入、测小钳表和测大钳表。

（三）使用方法

1．电能表校验

下面以 100V、5A 机械式电能表为被校表，电能表常数为 1200r/（kW·h），选择二次钳表输入。

（1）电能表与仪器接线。

1）接好电源插线，打开仪器开关，显示器进入主界面，如图 1-43 所示。

2）取出光电头，接至仪器顶端标有"脉

冲"的插座；扣至电能表表盖，"光电头"的两个光束应同时对到电能表转盘。

3）取出钳表，接至仪器顶端标有"钳表"的插座。

对于三相四线电能表，将标有"A 相"、"B 相"、"C 相"的钳表分别接至电能表的 A相、B 相、C 相电流输入端，且确定电流进出方向一致。

对于三相三线电能表，将标有"A 相"、"C 相"的钳表分别接至电能表的 A 相、C 相电流输入端，且确定电流进出方向一致。

对于单相电能表，将标有"A 相"的钳表接至电能表的 A 相电流输入端，且确定电流进出方向一致。

4）电压线连接。

对于三相四线电能表，取出电压线，将导线的"黄、绿、红、黑"四种颜色的接线柱分别接至仪器的"UA、UB、UC、UN"插座。将导线的另一端，鳄鱼夹接至电能表的电压输入端，对应关系为：黄色对应 UA，绿色对应 UB，红色对应 UC，黑色对应 UN。

对于三相三线电能表，取出电压线，将导线的"黄、绿、红、黑"四种颜色的接线柱分别接至仪器的"UA、UB、UC、UN"插座。将导线的另一端，鳄鱼夹接至电能表的电压输入端，对应关系为：黄色对应 UA，红色对应 UC，绿色和黑色都接至 UB。

对于单相电能表，将导线的"黄、绿、红、黑"四种颜色的接线柱分别接至仪器的"UA、UN"插座。将导线的另一端，鳄鱼夹接至电能表的电压输入端，对应关系为：黄色对应 UA，黑色接至 UN。

（2）仪器功能设置。

1）在主界面，如图 1-43 的链盘区中选择"V"或"Y"键将接线方式切换到三相三线或者三相四线（单相电能表校验时选择三相三线）。

2）在主测量界面选择"电能"键进入电能界面，如图 1-44 所示。选择"有功电能测量"进入有功功率的测量，在选择"脉冲输入"中的"低频"。"确认"键退到有功电能测量界面（见图 1-45），右上角两个圆圈内的数字是由光电采样到的圈数，右下角"ERROR"表示误差，是被校表与仪器之间的误差，"<0"表示被试表慢，>0 表示被试表快。电能是 DK-45C 型校验仪在被试表转动设置的圈数内测试到的能量，单位为 W·S。

3）当出现不正常状态时，首先应检查光电采样器，是不是电能表转一圈记录一次采样。

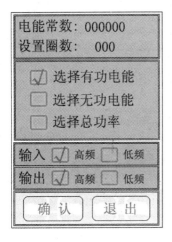

图 1-44　电能界面

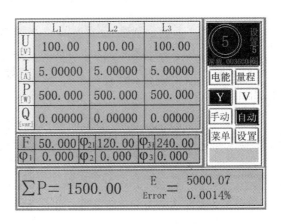

图 1-45　有功电能测量界面

正常工作状态时，电能表转盘黑色标记出现一次，光电采样器指示灯闪动一次。DK-45C 型校验仪显示的实测圈数减 1，误差不正常时，还应检查设置的电能常数，还应该检查系统的功率状况。

（3）仪器参数设置。

1）在主测量界而选择"设置"键进入设置界面，如图 1-46 所示，设置电能表常数时先点击"电能常数"，此时电能常数栏出现红色框，点击数字键输入数字"1"、"2"、"0"、"0"，数字显示在数字键上方的方框内，点击右下角的"确认"键，电能常数栏设置成功。

2）点击"电能圈数"，此时电能圈数栏出现红色框，点击数字键输入数字"3"，数字显示在数字键上方的方框内，点击右下角的"确认"键，电能圈数栏设置成功，再按"退出"键退出设置界面。

（4）数据保存。

1）仪器可以保存 200 只电能表数据，保存方法为：在主测量界面点击"保存"键，仪器跳出提示信息询问是否要保存，按"确认"键，仪器退回主测量界面，若仪器里已保存同一表号的数据，提示信息会询问是否覆盖。

2）保存表号设置方法为在图 1-46 中点击"表号"，此位置出现红色框点击数字键输入数字"0"、"6"、"0"、"7"、"1"、"0"，数字显示在数字键上方的方框内，点击右下角的"确认"键，电能表表号栏设置成功。

2. 电能测量

（1）电压。参数显示区（见图 1-43）：电压 U（单位 V）。此行显示的是 A 相、B 相和 C 相电压。若按"V"键切换到三相三线，"L2"区显示"V"、"U1＝Uab"、"U2＝Ubc"，表示 V 型三相三线，U1 表示 A 与 B 相电压，U2 表示 B 与 C 相电压（见图 1-47）。

（2）电流。参数显示区（见图 1-43）：电流 I（单位 A）。此行显示的是 A 相、B 相和 C 相电流。若按"V"键切换到三相三线，"L2"区显示"V"、"I1＝Ia"、"I2＝Ib"，表示 V 型三相三线，I1 表示 A 相电流，I2 表示 C 相电流（见图 1-47）。

（3）有/无功功率。参数显示区（见图 1-43）：有功功率 P（单位 W）和无功功率 Q（单位 var）。此两行显示的是 A 相、B 相和 C 相有功功率和无功功率。若按"V"键切换到三相三线，"L2"区 B 相功率不显示（见图 1-47）。

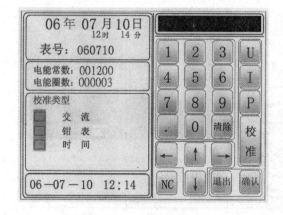

图 1-46　设置界面

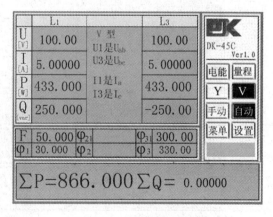

图 1-47　三相三线测量界面

（4）频率与相位。参数显示区（见图 1-43）：频率 F（单位 Hz）和相位 φ（单位度）。此两行显示的是频率，以及 A 相与 B 相电压之间相位 φ_{21}，C 相与 B 相电压之间相位 φ_{31}，A 相电压与 A 相电流之间相位 φ_1，B 相电压与电流之间相位 φ_2，C 相电压与电流之间相位 φ_3。若按"V"键切换到三相三线，φ_{21} 和 φ_2 区域没有显示（见图 1-47）。

（5）总有/无功功率。参数显示区（见图 1-43）：有功总功率 P（单位：W）和无功总功率 Q（单位：var）。此行字体与数字都被放大，用于特别显示。

3. 量程选择

按"手动"键，仪表切换到手动量程。注意：不要超过量程的 120% 测量范围。需要手动切换量程时，按"量程"键会弹出一级量程界面，如图 1-48 所示。此界面有四个电压量程（57.7、100、220 和 380V），直接输入有四个电流量程（200mA、1A、5A 和 20A），二次钳表有三个电流量程（1、5A 和 20A），一次钳表可以切换到选配的一次钳表量程。切换量程可以由仪表自动切换，无需更换接线端子，更加省时省力。

图 1-48 量程界面

4. 脉冲输出

在主测量界面（见图 1-43）中选择"电能"键进入电能界面，如图 1-44 所示。

电能界面通过选择点击"选择有功电能"、"选择无功电能"按钮和"输出"选项中的"低频"、"高频"按钮，使仪器具有以下脉冲输出：有功电能低频输出、有功电能高频输出、无功电能低频输出、无功电能高频输出。接上仪器附带脉冲输出线，如图 1-42 所示，黑色夹子为地，红色为输出端，通过测量仪器接收脉冲输出。

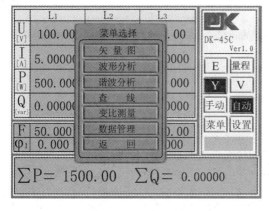

图 1-49 菜单界面

5. 其他功能

在主测量界面（见图 1-43）中按"菜单"键进入菜单界面（如图 1-49）。

菜单选择中包括矢量图、波形分析、谐波分析、查线、变比测量、数据管理功能。

九、相位伏安表

下面以图 1-50 所示 ML12 型手持式双钳数字相位伏安表为例，介绍数字式相位伏安表的主要特点及使用。

（一）概述

ML12 型手持式双钳数字相位伏安表是专为现场测量电压、电流及相位而设计的一种高准确度、便携手持式、双通道输入测量仪器。其可以在不断线的情况下测量交流电压、交流电流，以及 $U-U$、$I-I$ 及 $U-I$ 之间的相位，判别感性、容性电路及三相电压的相序，检测变压器的接线组别，测试二次回路和母差保护系统，读出差动保护各组 TA（电流互感器）之间的相位关系，检查电能表的接线正确与否等。

图 1-50　ML12 型手持式双钳数字相位伏安表

（二）技术指标

1. 量程

（1）相位：$0°\sim360°$。

（2）交流电压：$0\sim20/200/500$V。

（3）交流电流：$0\sim200$mA$/2$A$/10$A。

2. 额定工作条件

（1）环境温度：$(0\sim40)℃$。

（2）环境湿度：$(20\sim80)\%$RH。

（3）被测信号波形：正弦波、$\beta=0.05$。

（4）被测信号频率：(50 ± 0.5)Hz。

（5）被测载流导线在钳口中的位置：任意。

（6）测量相位时被测信号幅值范围：

测 U_1-U_2 相位时：$30\sim500$V。

测 I_1-I_2 相位时：10mA~10.00A。

测 U_1-I_2 或 I_1-U_2 相位时：$10\sim500$V、10mA~10.00A。

（7）外参比频率电磁场干扰：应避免。

（三）使用方法

ML12 型手持式双钳数字相位伏安表面板如图 1-51 所示。

按下"ON-OFF"按钮，旋转功能量程开关正确选择测试参数及量限。

1. 测量交流电压

将旋转开关拨至 U1 挡，对应的 500V 量限，将被测电压从 U1 插孔输入即可进行测量。若测量值小于 200V，可直接旋转开关至 U1 对应的 200V 量限测量，以提高测量准确性。

ML12 两通道具有完全相同的电压测试特性，故亦可将开关拨至 U2 挡对应的量限，将被测电压从 U2 插孔输入进行测量。

2. 测量交流电流

将旋转开关拨至 I1 挡对应的 5A 量限，将标号为 1 号的钳形电流互感器二次侧引出线插头插入 I1 插孔，钳口卡在被测线路上即可进行测量。同样，若测量值小于 2A，可直接旋转开关至 I1 对应的 2A 量限测量，提高测量准确性。

测量电流时，亦可将旋转开关拨至 I2 挡对应的量限，将标号为 2 号的测量钳接入 I2 插孔，其钳口卡在被测线路上进行测量。

3. 测量两电压之间的相位角

将开关拨至 U1U2 挡，使用 U1 及 U2 两孔的测试线，可以测出 U1 超前 U2 的角度。

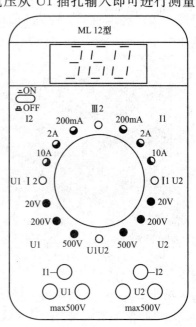

图 1-51　ML12 型手持式双钳数字相位伏安表面板

> **注意**
>
> 　　U1 测试线有红色指引线的输入插孔为同名端，即红色插孔内的测试线接高电位端，黑色插孔内的测试线接低电位端；同样，U2 测试线有黄色指引线的输入插孔为同名端，即黄色插孔内的测试线接高电位端，白色插孔内的测试线接低电位端。

4. 测两电流之间的相位角

将转换开关至 I1I2 挡，两电流钳分别插入 I1、I2 插孔，则使用两个电流钳，可以测出 I1 超前 I2 的角度。

> **注意**
>
> 　　钳形电流互感器的红色"＊"号一侧为电流同名端，即电流应从"＊"号一侧流进电流钳。

5. 测量电压与电流之间的相位角

将电压从 U1 输入，用 I2 测量钳将电流从 I2 输入，开关旋转至参数 U1I2 位置，测量电流滞后电压的角度。测试过程中可随时顺时针旋转开关至参数 I2 各量限测量电流，或逆时针旋转开关至参数 U1 各量限测量电压。

也可将电压从 U2 输入，用 I1 测量钳将电流从 I1 输入，开关旋转至参数 I1U2 位置，测量电压滞后电流的角度。同样，测量过程中可随时旋转开关，测量 I1 或 U2 之值。

> **注意**
>
> 　　使用电流钳时，电流应从"＊"号一侧流进电流钳，而电压 U1 的红色插孔内的测试线接高电位端，黑色插孔内的测试线接低电位端，电压 U2 的黄色插孔内的测试线接高电位端，白色插孔内的测试线接低电位端。

6. 其他功能

（1）三相三线配电系统相序判别。旋转开关置 U1U2 位置。将三相三线系统的 A 相接入 U1 插孔，B 相同时接入与 U1 对应的"±"插孔及与 U2 对应的"±"插孔，C 相接入 U2 插孔。若此时测得相位值为 300°左右，则被测系统为正相序；若测得相位为 60°左右，则被测系统为负相序。

换一种测量方式，将 A 相接入 U1 插孔，B 相同时接入与 U1 对应的±插孔及 U2 插孔，C 相接入与 U2 对应的±插孔。这时若测得的相位值为 120°，则为正相序；若测得的相位值为 240°，则为负相序。

（2）三相四线系统相序判别。旋转开关置 U1U2 位置。将 A 相接 U1 插孔，B 相接 U2 插孔，零线同时接入两输入回路的±插孔。若相位显示为 120°左右，则为正相序；若相位显示为 240°左右，则为负相序。

（3）感性、容性负载判别。旋转开关置 U1I2 位置。将负载电压接入 U1 输入端，负载电流经测量钳接入 I2 插孔。若相位显示在 0°～90°范围，则被测负载为感性；若相位显示在

270°～360°范围，则被测负载为容性。

（4）显示屏角度选择。若需改变显示屏角度，可用手指按压显示屏上方的锁扣钮，并翻出显示屏，使其转到最适宜观察的角度。

（5）电池更换。当仪表液晶屏上出现欠电指示符号 ▢ 时，说明电池电量不足，此时应更换电池。更换电池时，必须断开输入信号，关闭电源。将后盖螺钉旋出，取下后盖后即可更换电池。

（四）使用注意事项

（1）不得在输入被测电压时在表壳上拔插电压、电流测试线，不得用手触及输入插孔表面，以免触电。

（2）不得在输入被测电压或电流时转换旋转开关。

（3）测量电压不得高于仪表最大量程值 500V。

（4）仪表后盖未固定好时切勿使用。

第二章　触电急救常识

第一节　电流对人体的危害

随着电能在人们生产、生活中的广泛应用，人们接触电气设备的机会增多，造成电气事故的可能性也随之增加了。电气事故包括设备事故和人身事故两种。设备事故是指设备被烧毁或因设备故障带来的各种事故。设备事故会给人们造成不可估量的经济损失和不良影响。人身事故指人触电死亡或受伤等事故。因此，应了解安全用电常识，遵守安全用电的有关规定，避免损坏设备或发生触电伤亡事故。

电流对人体的伤害是电气事故中最为常见的一种，可以分为电击、电伤和电磁场伤害。

一、电击

人体接触带电部分，造成电流通过人体，使人体内部的器官受到损伤的现象，称为电击触电。在触电时，由于肌肉发生收缩，受害者通常不能立即脱离带电部分，使电流连续通过人体，造成呼吸困难，心脏麻痹，以至于死亡，所以危险性很大。

直接与电气装置的带电部分接触，过高的接触电压和跨步电压都会使人触电。而与电气装置的带电部分因接触方式不同又分为单相触电和两相触电。

1. 单相触电

单相触电是指当人体站在地面上，触及电源的一根相线或漏电设备的外壳而触电。单相触电时，人体只接触带电的一根相线，由于通过人体的电流路径不同，所以其危险性也不一样。中性点接地的单相触电如图 2-1 所示，电源变压器的中性点通过接地装置和大地作良好的连接，在这种系统中发生单相触电时，相当于电源的相电压加给人体电阻与接地电阻的串联电路。由于接地电阻较人体电阻小很多，所以加在人体上的电压值接近于电源的相电压，在低压为 380/220V 的供电系统中，人体将承受 220V 电压，这是很危险的。

图 2-2 所示为中性点不接地的单相触电，电流通过人体、大地和输电线间的分布电容构成回路。显然，这时如果人体和大地绝缘良好，流经人体的电流就会很小，触电对人体的伤害就会大大减轻。实际上，中性点不接地的供电系统仅局限在游泳池和矿井等处应用，所以单相触电发生在中性点接地的供电系统中最多。

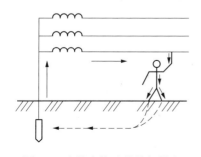

图 2-1　中性点接地的单相触电

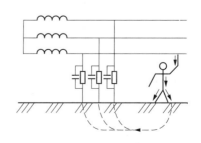

图 2-2　中性点不接地的单相触电

注意

　对于高压带电体，人体虽未直接接触，但由于超过了安全距离，高电压对人体放电，造成单相接地而引起的触电，也属于单线触电。

2. 两相触电

当人体的两处（如两手或手和脚）同时触及电源的两根相线时发生触电的现象，称为两相触电。如图 2-3 所示，在两相触电时，虽然人体与地有良好的绝缘，但因人体同时和两根相线接触，人体处于电源线电压下，在电压为 380/220V 的供电系统中，人体受 380V 电压的作用，并且电流大部分通过心脏，因此是最危险的。

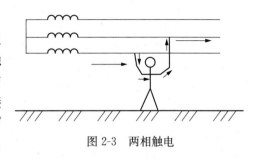

图 2-3　两相触电

3. 接触电压和跨步电压触电

过高的接触电压和跨步电压也会使人触电。当电力系统和设备的接地装置中有电流时，此电流经埋设在土壤中的接地体向周围土壤中流散，并在接地点周围土壤中产生电压降。如果以大地为零电位，即接地体以外 15～20m 处可以认为是零电位，则接地体附近地面各点的电位分布如图 2-4 所示。

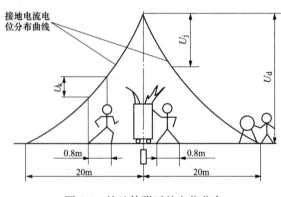

图 2-4　接地体附近的电位分布

当人体站在发生接地短路的设备旁边，触及接地装置的引出线或与引出线连接的电气设备外壳时，则作用于人体手与脚之间就是图中的电压 U_j，称为接触电压。

人体在接地装置附近行走时，由于两足所在地面的电位不相同，所承受的电压即图中的 U_k，称为跨步电压。跨步电压与跨步大小有关，人体的跨距一般按 0.8m 考虑。

当供电线路中出现对地短路电流或雷电电流流经输电线路时，都会在接地体上流过很大的电流，使接触电压 U_j 和跨步电压 U_k 都大大超过安全电压，造成触电伤亡。为此接地体的接地电阻要尽量小，一般要求为 4Ω。

接触电压 U_j 和跨步电压 U_k 还可能出现在被雷电击中的大树附近或带电的相线断落处附近，人们应远离断线处 8m 以外。

4. 感应电压触电

当人体触及带有感应电压的设备和线路时，造成的触电事故称为感应电压触电。例如，一些不带电的线路由于大气变化（如雷电活动），会产生感应电荷。此外，停电后一些存在感应电压的设备和线路如果未接临时地线，则对地均存在感应电压。

5. 剩余电荷触电

当人体触及带有剩余电荷的设备时，带有电荷的设备对人体放电所造成的触电事故称为剩余电荷触电。例如，在检修中用绝缘电阻表测量停电后的并联电容器、电力电缆、电力变压器及大容量电动机等设备时，因检修前没有对其充分放电，造成剩余电荷触电。又如，并联电容器因其电路发生故障而不能及时放电，退出运行后又未进行人工放电，从而使电容器储存着大量的剩余电荷，当人体接触电容或电路时，就会造成剩余电荷触电。

二、电伤

电弧以及熔化、蒸发的金属微粒对人体外表的伤害，称为电伤。例如，在拉闸时，不正常情况下，可能发生电弧烧伤或刺伤操作人员的眼睛；再如熔丝熔断时，飞溅起的金属微粒可能使人的皮肤烫伤或渗入皮肤表层等。电伤的危阶程度虽不如电击，但有时后果也是很严重的。

三、电磁场生理伤害

电磁场生理伤害是指在高频磁场作用下，人会出现头晕、乏力、记忆力减退、失眠、多梦等神经系统的症状。

第二节　触　电　急　救

触电者是否能够获救，关键在于能否尽快脱离电源和施行正确的紧急救护。人体触电急救工作要镇静、迅速。据统计，触电 1min 后开始急救，90% 有良好效果，6min 后 10% 有良好效果，12min 后生还的可能性就很小了。触电急救必须做到：使触电者迅速脱离电源，分秒必争就地抢救，采用正确的方法进行施救。触电急救是生产经营单位所有从业人员必须掌握的一项基本技能，是电工从业的必备条件之一。

一、脱离电源

（1）对于低压触电事故，可采用下列方法使触电者脱离电源：

1）如果触电地点附近有电源开关或电源插头，可立即拉开开关或拔出插头，断开电源。但应注意到拉线开关和平开关只能控制一根线，有可能切断中性线而没有断开电源。

2）如果触电地点附近没有电源开关或电源插头，可用有绝缘柄的电工钳或有干燥木柄的斧头切断电线，断开电源；或用干木板等绝缘物插到触电者身下，以隔断电流。

3）当带电导线搭落在触电者身上或被压在身下时，可用干燥的衣服、手套、绳索、木板、木棒等绝缘物作为工具，拉开触电者或拉开带电导线，使触电者脱离电源。

4）如果触电者的衣服是干燥的，又没有紧缠在身上，可以用一只手抓住他的衣服，拉离电源。但因触电者的身体是带电的，其鞋的绝缘也可能遭到破坏，救护人不得接触触电者的皮肤或鞋。

（2）对于高压触电事故，可采用下列方法快触电者脱离电源：

1）立即通知有关部门断电。

2）戴上绝缘手套，穿上绝缘靴，用相应电压等级的绝缘工具按顺序拉开相应开关电器。

3）抛掷裸金属线使线路短路接地，迫使保护装置动作，断开电源。注意，抛掷金属线之前，应先将金属线的一端可靠接地，然后抛掷另一端；抛掷的一端不可触及触电者和其他人。

二、现场急救

当触电者脱离电源后，应迅速正确判定其触电程度，根据触电者的具体情况，迅速对症救护。

（一）触电者伤情判定

（1）触电者心慌，四肢发麻，全身无力，但神志清醒，没有失去知觉，则应使其就地仰面平躺，严密观察，暂时不要站立或走动，并请医生前来诊治或送往医院。

（2）触电者神志不清、失去知觉，但呼吸和心脏尚正常，应使其舒适平卧，保持空气流通，同时立即请医生或送医诊治。随时观察，若发现触电者出现呼吸困难或心跳失常，则应迅速用心脏复苏法进行人工呼吸或胸外心脏按压。

（3）如果触电者失去知觉，心跳呼吸停止，则应判定触电者是假死症状。如图 2-5 所示，在 10s 内对触电者用看、听、试的方法，判定其呼吸、心跳情况。

看——看触电者的胸部、腹部有无起伏动作。

听——用耳贴近触电者的口鼻处，听他有无呼气声音。

试——用手或小纸条试测口鼻有无呼吸的气流，再用两手指轻压一侧（左或右）喉结旁凹陷处的颈动脉有无搏动感觉。

如"看"、"听"、"试"的结果，既无呼吸又无颈动脉搏动，则可判定触电者呼吸停止或心跳停止或呼吸心跳均停止。

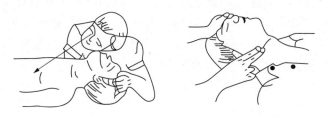

图 2-5　触电者伤情判定，"看"、"听"、"试"的操作方法

触电者若无致命外伤，没有得到专业医务人员证实，不能判定触电者死亡，应立即对其进行心脏复苏。

（二）心肺复苏法

当判定触电者呼吸和心跳停止时，应立即按心肺复苏法就地抢救。所谓心肺复苏法就是支持生命的三项基本措施，即通畅气道、口对口（鼻）人工呼吸、胸外按压（人工循环）。

1. 通畅气道

若触电者呼吸停止，要紧的是始终确保气道通畅，其操作要领是：

（1）清除口中异物。使触电者仰面躺在平硬的地方，迅速解开其领扣、围巾、紧身衣和裤带。如发现触电者口内有食物、假牙、血块等异物，可将其身体及头部同时侧转，迅速用一个手指或两个手指交叉从口角处插入，从中取出异物，操作中要注意防止将异物推到咽喉深处。

（2）采用仰头抬颏法（见图 2-6）通畅气道。操作时，救护人用一只手放在触电者前额，另一只手的手指将其颌骨向上抬起，两手协同将头部推向后仰，舌根自然随之抬起、气道即可畅通。为使触电者头部后仰，可于其颈部下方垫适量厚度的物品。但严禁用枕头或其他物品垫在触电者头下，因为头部抬高前倾会阻塞气道，还会使施行胸外按压时流向脑部的血量减小，甚至完全消失。

2. 口对口（鼻）人工呼吸

救护人在完成气道通畅的操作后，应立即对触电者施行口对口或口对鼻人工呼吸。口对鼻人工呼吸用于触电者嘴巴紧闭的情况。人工呼吸的操作要领如图 2-7 所示。

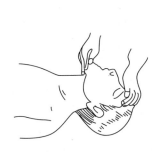

图 2-6　仰头抬颌法　　　　　　　图 2-7　口对口人工呼吸

（1）先大口吹气刺激起搏。救护人蹲跪在触电者的左侧或右侧；用放在触电者额上的手的手指捏住其鼻翼，另一只手的食指和中指轻轻托住其下巴；救护人深吸气后，与触电者口对口紧合，在不漏气的情况下，先连续大口吹气两次，每次 1~1.5s；然后用手指试测触电者颈动脉是否有搏动，如仍无搏动，可判断心跳确已停止，在施行人工呼吸的同时应进行胸外按压。

（2）正常口对口人工呼吸。大口吹气两次试测颈动脉搏动后，立即转入正常的口对口人工呼吸阶段。正常的吹气频率为 12 次/min。吹气量不需过大，以免引起胃膨胀。如触电者是儿童，吹气量宜小些，以免肺泡破裂。救护人换气时，应将触电者的鼻或口放松，让他借自己胸部的弹性自动吐气。吹气和放松时要注意触电者胸部有无起伏的呼吸动作。吹气时如有较大的阻力，可能是头部后仰不够，应及时纠正，使气道保持畅通。

（3）触电者如牙关紧闭，可改行口对鼻人工呼吸。吹气时要将触电者嘴唇紧闭，防止漏气。

3. 胸外按压

胸外按压是借助人力使触电者恢复心脏跳动的急救方法。其有效性在于选择正确的按压位置和采取正确的按压姿势。

（1）确定正确的按压位置的步骤。

1）右手的食指和中指沿触电者的右侧肋弓下缘向上，找到肋骨和胸骨接合处的中点，如图 2-8（a）所示。

2）右手两手指并齐，中指放在切迹中点（剑突底部），食指平放在胸骨下部，另一只手的掌根紧挨食指上缘置于胸骨上，掌根处即为正确按压位置，如图 2-8（b）所示。

（2）正确的按压姿势。

1）使触电者仰面躺在乎硬的地方并解开其衣服，仰卧姿势与口对口（鼻）人工呼吸法相同。

2）救护人立或跪在触电者一侧肩旁，两

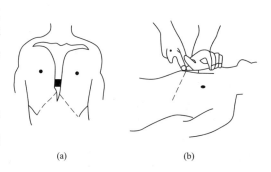

(a)　　　　　　　(b)

图 2-8　正确的按压位置

图 2-9　按压姿势与用力方法

肩位于触电者胸骨正上方，两臂伸直，肘关节固定不屈，两手掌相叠，手指翘起，不接触触电者胸壁。

3）以髋关节为支点，利用上身的重力，垂直将正常成人胸骨压陷 3～5cm（儿童和瘦弱者酌减）。

4）压至要求程度后，立即全部放松，但救护人的掌根不得离开触电者的胸壁。

接压姿势与用力方法如图 2-9 所示。按压有效的标志是在按压过程中可以触到颈动脉搏动。

（3）恰当的按压频率。

1）胸外按压要以均匀速度进行，操作频率以每分钟 80 次为宜，每次包括按压和放松一个循环，按压和放松的时间相等。

2）当胸外按压与口对口（鼻）人工呼吸同时进行时，操作的节奏为：单人救护时，每按压 30 次后，吹气 2 次，反复进行；双人救护时，每按压 30 次后，由另一人吹气 2 次，反复进行。

（三）现场救护中的注意事项

1. 抢救过程中应适时对触电者进行再判定

（1）按压吹气 1min 后（相当于单人抢救时做了 4 个 15∶2 循环），应采用"看"、"听"、"试"方法在 5～7s 内完成对触电者是否恢复自然呼吸和心跳的再判断。

（2）若判定触电者已有颈动脉搏动，但仍无呼吸，则可暂停胸外按压，而再进行 2 次口对口人工呼吸，接着每隔 5s 钟吹气一次（相当于 12 次/min）。如果脉搏和呼吸仍未能恢复，则继续坚持心肺复苏法抢救。

（3）在抢救过程中，要每隔数分钟用"看"、"听"、"试"方法再判定一次触电者的呼吸和脉搏情况，每次判定时间不得超过 5～7s。在医务人员未前来接替抢救前，现场人员不得放弃现场抢救。

2. 抢救过程中移送触电伤员时的注意事项

（1）心肺复苏应在现场就地坚持进行，不要图方便而随意移动触电伤员，如确有需要移动时，抢救中断时间不应超过 30s。

（2）移动触电者或将其送往医院，应使用担架并在其背部垫以木板，不可让触电者身体蜷曲着进行搬运。移送途中应继续抢救，在医务人员未接替救治前不可中断抢救。

（3）应创造条件，采用装有冰屑的塑料袋做成帽状包绕在伤员头部，露出眼睛，使脑部温度降低，争取触电者心、肺、脑能得以复苏。

3. 触电者好转后的处理

如触电者的心跳和呼吸经抢救后均已恢复，可暂停心肺复苏法操作。但心跳呼吸恢复的早期仍有可能再次骤停，救护人应严密监护，不可麻痹，要随时准备再次抢救。触电者恢复之初，往往神志不清、精神恍惚或情绪躁动、不安，应设法使其安静下来。

4. 触电者死亡的认定

对于触电后失去知觉、呼吸心跳停止的触电者，在未经心肺复苏急救之前，只能视为"假死"。只有医生才有权认定触电者已死亡，宣布抢救无效；否则任何在事故现场的人员，一旦发现有人触电，都有责任及时和不间断地进行抢救。"及时"就是要争分夺秒，即医生到来之前不等待，送往医院的途中也不可中止抢救。"不间断"就是要有耐心坚持抢救，有抢救近 5h 终使触电者复活的实例。因此，抢救时间应持续 6h 以上，直到抢救成功或医生作出触电者已临床死亡的认定为止。

第三节　防止触电的措施

随着科学技术的发展，电能已成为工农业生产和人民生活不可缺少的重要能源之一，电气设备的应用也日益广泛，人们接触电气设备的机会随之增多。如果没有安全用电知识，就很容易发生触电、火灾、爆炸等电气事故，以至影响生产、危及生命。下面介绍防止触电的主要措施。

1. 防止接触带电部件

防止接触带电部件的常见安全措施有绝缘、屏护和安全间距。

（1）绝缘。用不导电的绝缘材料把带电体封闭起来，这是防止直接触电的基本保护措施。但要注意绝缘材料的绝缘性能与设备的电压、载流量、周围环境、运行条件相符合。

（2）屏护。采用遮拦、护罩、护盖、箱闸等把带电体同外界隔离开来。此种屏护用于电气设备不便于绝缘或绝缘不足以保证安全的场合，是防止人体接触带电体的重要措施。

（3）间距。为防止人体触及或接近带电体，防止车辆等物体碰撞或过分接近带电体，在带电体与带电体、带电体与地面、带电体与其他设备、设施之间，皆应保持一定的安全距离。间距的大小与电压高低、设备类型、安装方式等因素有关。

2. 防止电气设备漏电伤人

保护接地和保护接零，是防止间接触电的基本技术措施。

（1）保护接地。将正常运行的电气设备不带电的金属部分和大地紧密连接起来。其原理是通过接地把漏电设备的对地电压限制在安全范围内，防止触电事故。保护接地适用于中性点不接地的电网中，电压高于 1kV 的高压电网中的电气装置外壳，也应采取保护接地。

（2）保护接零。在 380/220V 三相四线制供电系统中，把用电设备在正常情况下不带电的金属外壳与电网中的中性线紧密连接起来。其原理是在设备漏电时，电流经过设备的外壳和中性线形成单相短路，短路电流烧断熔丝或使自动开关跳闸，从而切断电源，消除触电危险。该方式适用于电网中性点接地的低压系统中。

3. 采用安全电压

根据生产和作业场所的特点，采用相应等级的安全电压，是防止发生触电伤亡事故的根本性措施。安全电压应根据作业场所、操作员条件、使用方式、供电方式、线路状况等因素选用。安全电压有一定的局限性，适用于小型电气设备，如手持电动工具等。

发生触电时的危险程度与通过人体的电流大小、频率、通电时间长短、电流在人体中的路径等多方面因素有关。通过人体的电流为 10mA 时，人会感到不能忍受，但还能自行脱离电源；电流为 30～50mA，会引起心脏跳动不规则，时间过长则心脏停止跳动。

通过人体电流的大小取决于加在人体上的电压和人体电阻。人体电阻因人而异，差别很大，一般在 800Ω 至几万欧。考虑使人致死的电流和人体在最不利情况下的电阻，我国规定安全电压不超过 36V，常用的安全电压有 36、24、12V 等。

在潮湿或有导电地面的场所，当灯具安装高度在 2m 以下，容易触及而又无防止触电措施时，其供电电压不应超过 36V。一般手提灯的供电电压不应超过 36V。但如果作业地点狭窄，特别潮湿且工作者接触有良好接地的大块金属时（如在锅炉里），应使用不超过 12V 的手提灯。

4. 漏电保护装置

漏电保护装置，又称触电保护器，在低压电网中发生电气设备及线路漏电或触电时，它可以立即发出报警信号并迅速自动切断电源，从而保护人身安全。漏电保护装置按动作原理可分为电压型、零序电流型、泄漏电流型和中性点型四类，其中电压型和零序电流型两类应用较为广泛。

5. 合理使用防护用具

在电气作业中，合理匹配和使用绝缘防护用具，对防止触电事故，保障操作人员在生产过程中的安全健康具有重要意义。绝缘防护用具可分为两类：一类是基本安全防护用具，如绝缘棒、绝缘钳、高压验电笔等；另一类是辅助安全防护用具，如绝缘手套、绝缘（靴）鞋、橡皮垫、绝缘台等。

6. 安全用电组织措施

防止触电事故发生，技术措施十分重要，组织管理措施亦必不可少，包括制定安全用电措施计划和规章制度，进行安全用电检查、教育和培训，组织事故分析，建立安全资料档案等。

第三章 进户线的安装

第一节 登高作业工具

一、安全帽

安全帽用于保护施工人员头部，必须由专门工厂生产。安全帽由帽壳、帽衬、下颌带和后箍组成。冲击吸能性能、耐穿刺性能、侧向刚性、电绝缘性、阻燃性是对安全帽的基本技术性能的要求。

使用安全帽注意事项：

（1）佩戴安全帽前，应检查各部件齐全、完好后方可使用。

（2）高空作业人员佩戴安全帽，要将颌下系带和后帽箍拴牢，以防帽子滑落与被碰掉。

（3）热塑性安全帽可用清水冲洗，不得用热水浸泡，不得用暖气片、火炉烘烤，以防帽体变形。

（4）严格执行有关安全帽使用期限的规定，不得使用报废的安全帽。

二、梯子

梯子是最常用的登高工具之一，如图 3-1 所示，有直梯和人字梯（合页梯），通常用毛竹、硬质木材、铝合金等材料制成。

使用梯子时，应注意以下几点：

（1）在光滑坚硬的地面上使用时，登高前应检查梯子是否有虫蛀、折裂等现象，两脚是否绑扎有防滑材料（梯脚应加橡胶套，在泥地面上使用时梯脚应加铁尖，以防滑铁），人字梯中间有无绑扎安全绳。

（2）放置直梯时，为防止其翻倒，梯脚与墙之间距离不应少于梯长的 1/4；为防止滑落，其间距离又不应大于梯长的 1/2；梯

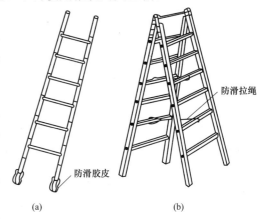

图 3-1 梯子
（a）直梯；（b）人字梯

子的倾向为 60°～75°；梯子的安放应与带电部分保持安全距离；扶梯人应戴好安全帽；梯子不准放置在箱子等不稳固的物体上。

（3）在梯子上作业时，工作人员应站在离梯子顶 1m 处，将一只脚勾住梯档，这样可扩大人体作业活动范围，以及不致因用力过度而站立不稳发生危险；身体要站稳，动作要轻松自然，不要来回晃动；在人字梯上作业时，切不可采取骑马式的方式站立，以防人字梯两脚自动分开时，造成严重工伤事故。

三、脚扣

脚扣也称铁脚，是用来攀登电杆的工具，它分为用于登水泥杆的带胶皮可调式脚扣和用

于登木质杆的不可调式铁脚扣两种，如图 3-2 所示。前者在扣环上包有胶皮，可供登水泥杆用；后者在扣环上制有铁齿，可供登木杆用。登杆前，首先选择合适的脚扣，以能牢靠地抓住电杆，防止高空摔下；然后检查脚扣焊缝有无裂纹，防止登杆时发生折断。

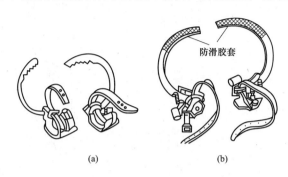

防滑胶套

(a)   (b)

图 3-2　脚扣
(a) 登木杆脚扣；(b) 登水泥杆脚扣

1. 脚扣使用注意事项

在登杆前应对脚扣进行人体荷载冲击试验，检查脚扣是否牢固可靠。穿脚扣时，脚扣带的松紧要适当，应防止脚扣在脚上转动或脱落。上杆时，一定按电杆的规格，调节好脚扣的大小，使之牢固的扣住电杆。上、下杆的每一步都必须使脚扣与电杆之间完全扣牢，否则容易出现下滑及其他事故。雨天或冰雪天因易出现滑落伤人事故，故不宜采用脚扣登杆。脚扣登杆应全过程系好、系牢安全带，不得失去安全保护。

2. 使用脚扣登杆步骤

（1）登杆前穿戴好工作服，正确戴好安全帽，扣紧帽扣，穿戴系好工作胶鞋，检查并扎好安全带，将安全带系在臀部上部位置。需要监护的工作，监护人到位。

（2）登杆前对脚扣进行冲击试验，试验时根据杆根的直径，调整好合适的脚扣节距，使脚扣能牢固地扣住电杆，以防止下滑或脱落到杆下。先登一步电杆，然后使整个人体重力以冲击的速度加在一只脚扣上，若无问题再试另一只脚扣。当试验证明两只脚扣都完好时方可进行登杆作业。

（3）根据杆根的直径，调整好合适的脚扣节距，使脚扣能牢固地扣住电杆，以防止下滑或者脱落到杆下。两手扶杆，用一只脚扣稳稳地扣住电杆，另一只脚扣准备提升。若左脚向上跨时，则左手应同时向上扶住电杆，接着右脚向上跨扣、踩稳，右手应同时扶住电杆，这时再提起左脚向上攀登。

（4）两只脚交替上升，步子不宜过大，并注意防止两只脚扣互碰。身体上身前倾，臀部后坐，双手扶住围杆带，切记搂抱电杆。等到一定高度时适当收缩脚扣节距，使其适合变细的杆径。快到顶时，要防止横担碰头，待双手快到杆顶时要选择合适的工作位置，系好安全带。

下杆方法基本是上杆动作的重复，只是方向相反。

四、踏板

踏板又称登高板或脚板，是供电企业施工人员攀登电杆的专用工具。踏板由板和绳组成，板采用质地坚韧的木材制成，其规格如图 3-3（a）所示。踏板绳采用直径为 16mm 的三股白棕绳，绳的一端与板连接固定，另一端固定在金属挂钩上，绳的长度与操作者身高要相适应，一般保持身高再加一手臂的长度，如图 3-3（b）所示。

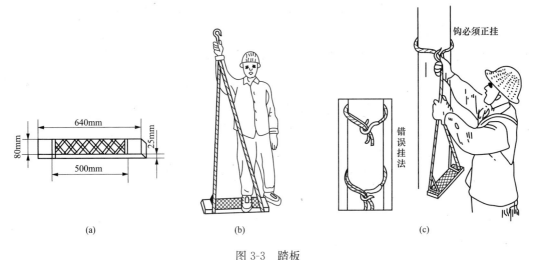

图 3-3　踏板
（a）踏板尺寸；（b）踏板绳长度；（c）挂钩方法

1. 踏板登杆的步骤

（1）登杆前穿戴好工作服，正确戴好安全帽，扣紧帽扣；穿戴系好工作胶鞋，检查并扎好安全带，将安全带系在臀部上部位置。需要监护的工作，监护人到位。使用踏板前应在电杆低处做人体冲击试验，检验板和绳能否承受人的爆发冲击力。

（2）先把一块踏板钩挂在电杆上［见图 3-3（c）］，高度以操作者能跨上为准，另一块反挂在肩上。

（3）用右手握住挂钩端双根棕绳，并用大拇指顶住挂钩，左手握住左边贴近木板色单根棕绳，把右脚跨上踏板然后右手用力使人体上升，待重心转到右脚，左手即向上握住双根棕绳。

（4）当人体上升到一定高度时，松开右手并向上扶住电杆使人体站直，将左脚绕过左边单根棕绳踏入木板内。

（5）站稳后，在电杆上方挂另一块踏板，然后右手紧握上一块踏板的双根棕绳，并用大拇指顶住挂钩，左手握住左边贴近木板的单根棕绳，把左脚从下面踏板左边单根棕绳踏板内绕出，改成站在下踏板正面，接着将右脚跨上面踏板，手脚同时用力，使人体上升。

（6）当人体左脚离开下面踏板后，需要将下面的踏板解下。此时左脚从下踏板挂钩下的双棕绳右边绕进，抵在下踏板挂钩下的电杆上，然后用左手将下面踏板挂钩取下，向上站起，以后重复上述步骤进行攀登，直至所需高度。

2. 踏板下杆的步骤（见图 3-4）

（1）人体站稳在所使用的踏板上（左脚绕过左边棕绳踏在踏板上）。

（2）弯腰把另一块踏板挂在电杆下方，然后右手握紧上踏板挂钩处的两根棕绳，左脚抵住电杆下伸，随即用左手握住下面踏板的挂钩处，人体也随左脚的下落而下降，同时把下踏板降到适当位置，将左脚插入下踏板两根棕绳间并抵住电杆。

（3）用左手握住上踏板左端棕绳同时左脚用力抵住电杆，以防踏板滑下和人体摇晃。

（4）双手紧握上踏板的两根棕绳，左脚抵住电杆不动，人体逐渐下降，双手也随人体下降而下移握紧棕绳的位置，直至贴近两端的木板。

（5）人体后仰，同时右脚从上踏板退下，使人体不断下降，直至右脚踏到下踏板。

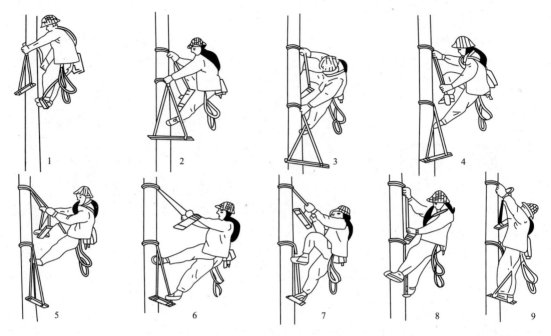

图 3-4　脚踏板下杆方法

（6）把左脚从下踏板两根棕绳内抽出，人体贴近电杆站稳，左脚下移并绕过左边棕绳踏到下踏板上，取上踏板。

（7）以后各步骤重复进行，直至人体双脚着地为止。

3．踏板使用注意事项

（1）踏板和绳应能承受 300kg 的质量，且应每半年进行一次载荷试验。

（2）每次使用前应在电杆低处做人体冲击试验，检验板和绳能否承受人的爆发冲击力。

（3）绳在电杆上的套结必须使挂钩成正钩（挂好后钩应朝上，并使钩尖在套结外），否则可能发生脱钩或无法摘钩。

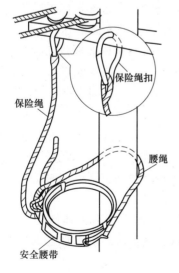

（4）上下的过程中步幅要适中，接近杆顶时避免头碰到横担及金具。

（5）在杆顶作业时，两脚应分别从杆的两侧扣住电杆，这样才能保持身体平稳、踏板不摇晃。

五、安全带

如图 3-5 所示，安全带包括安全腰带、保险绳扣、保险绳和腰绳，用来防止发生空中坠落事故。

安全腰带用于系挂保险绳、腰绳和吊绳。安全腰带、保险绳和腰绳是电杆上登高作业必备的用品。腰带使用时应系在腰部以下、臀部以上的部位，否则作业时不灵活且易扭伤腰部。保险绳用来防止人体万一失足下落时不致坠地摔伤，其一端应可靠地结在腰带上，另一端应用保险钩挂在牢固的横担或抱箍上。腰绳用来固定人体下部，以扩大人体上身活动范围，它应结在电杆的横担或包箍下方，防止腰绳窜出杆

保险绳扣

保险绳

腰绳

安全腰带

图 3-5　安全带

顶发生危险。

六、吊绳和吊袋

吊绳和吊袋是杆上作业时用来传递零件和工具的用品，吊绳一端应结在工作人员的腰带上，另一端垂向地面的吊绳上。吊绳和吊袋可吊物上杆，严禁上下抛掷传送工具或物品。

第二节　登高作业训练

一、登高作业训练内容

登高作业训练包括两部分：①脚扣攀登电杆训练；②踏板攀登电杆训练。

训练中必须严格执行安全规程，必须系挂保险绳、腰绳和吊绳，保险绳和腰绳、脚踏和板扣必须经过载荷试验。训练完成后必须进行单元考核。

二、一般安全措施

（1）装表接电作业，除有明文规定可不用填写工作票外，其他操作必须填写相应的工作票，并严格履行工作票中的各项要求。

（2）作业前应严格执行保证安全的技术措施（如停电、验点、挂接地线、装设遮拦、悬挂标志牌等），并佩带绝缘工具和执行监护制度。

（3）登高作业应做如下安全措施：

1）上杆前仔细检查电杆、导线、拉线、登高工具等是否存在安全隐患，若有必须采取必要的补救措施。

2）使用梯子时要有专人扶持或绑牢。

3）必须戴安全帽，使用安全带。安全带应系在牢固的构件上，换位作业时不得失去安全带的保护作用。

4）杆下应禁止非工作人员逗留或进入施工现场。

5）传递工具、材料时不得乱扔，应使用绳索绑牢传递。

6）杆上带电作业时，应设专人监护，除着装和使用的器具满足要求外，还要选择合适的站立位置，保证除手以外的身体其他部位不会触及带电部分。

7）带电接户时，要先接中性线，后接相线；拆除时，与此相反。禁止带负荷接户或拆除。

8）高低压同杆架设，在低压带电线路上工作时，应先检查与高压线的距离，采取防止误碰带电高压线路的措施；在低压带电导线未采取绝缘措施时，工作人员不得穿越。

（4）在带电的电流互感器的二次回路上工作时，应采取下列安全措施：

1）严禁将电流互感器二次侧开路。

2）短路电流互感器的二次绕组，必须使用短路片或短路线；短路应可靠，严禁用导线缠绕。

3）严禁在电流互感器与短路端子之间的回路和导线上进行任何工作。

4）工作必须认真谨慎，不得将回路的永久接地点断开。

5）工作时必须有专人监护，使用绝缘工具，并站在绝缘垫上。

（5）二次回路送电或耐压试验前，应通知值班员和有关人员，并派人到各现场看守，检查回路上确无人工作方可加压。

（6）电压互感器的二次回路送电试验时，为防止由二次侧向一次侧反送电，除应将二次回路断开外，还应断开一次侧熔断器或断开隔离开关。

（7）夜间进行装表接电工作，要有足够的照明，并须经主管生产的领导批准，才能进行。

（8）恶劣天气严禁室外带电作业。

（9）完工后，工作负责人必须检查工作地段的状况以及杆塔、导线、绝缘子上及设备上有无遗留的工具、材料等。通知并检查全部工作人员确由杆塔及设备上撤下后，再下令拆除接地线。接地线拆除后，应认为线路带电，不准任何人再登杆塔或设备进行任何工作。

（10）工作结束后，工作负责人应向工作许可人报告，并办理终结手续。工作许可人在接到工作负责人的完工报告后，并告知工作已经完毕，所有工作人员已撤离工作现场，工作班组所做的接地线已拆除，核对无误后，方可下令拆除工作许可人所做的安全措施，恢复送电。

第三节　进户线安装的基本要求

一、进户线进户点的确定

（1）进户线。凡建筑物外墙上的支架或用户自己装设的电杆都称为第一支持点。从低压线路用户室外第一支持点到接户配电箱的一段线路，称为接户线。由接户配电箱引至用户室外入户支持点间的一段线路或由一个用户接到另一个用户的线路，称为套户线。由套户线（或接户线）引到用户室内第一个支持点的一段导线，称为进户线。

同一单位、在同一用电地点的照明用电、动力用电等不同电价的各种用电，以及居民集中的住宅区需要安装多块单相电能表时，原则上只允许有一个进户点统一进户。

（2）进户点位置的确定：

1）进户点处的建筑物应坚固、便于维护。

2）靠近供电线路及负荷中心。

3）进户点的绝缘子及导线，应尽量避开雨水冲刷和房顶杂物掉落区。

4）进户点位置应明显易见，便于进行施工、维护及检修。

（3）确定进户线位置时，应尽可能与附近房屋的进户点相一致，但进户线不能与电话线、电视闭路线同时由一个穿管引入。

（4）进户线穿管进入室内时应符合如下要求：

1）管口与接户线第一支持点的垂直距离宜在 0.5m 以内。

2）金属管、塑料管在室外进线口应做防水弯头，弯头或管口应向下。

3）穿墙硬管或 PVC 管的安装应内高外低，以免雨水灌入，硬管露出墙壁外部分不应小于 30mm。

4）用钢管穿墙时，同一交流回路的所有导线必须穿在同一根钢管内，且管的两端应套护圈。

5）选择穿管管径时，宜使导线截面积之和占管子截面积的 40%。

6）导线在穿管内严禁有接头。

7）进户线与通信线、电视闭路线、IT 线等应分开穿管进户。

二、进户线安装的一般要求

（1）进户线应采用护套线或硬管布线，其长度一般不宜超过 6m，最长不得超过 10m。进户线应选用绝缘良好的铜芯导线。进户线的截面积应满足导线的安全截流量，且应不小于用户用电最大负荷电流或电能表最大载流量。

（2）对于三相四线 380V 进户线宜在进户线对相线安装熔断器，中性线严禁装设熔断器。熔断器安装应符合规定，一般应装在方便检查、维修、操作的位置。

（3）熔断器的熔丝一般按电能表额定量最大电流 1.5～2 倍选用。

（4）220V 单相进户线原则上可不安熔断器，但对居民集居区进户线需要安装数只电能时应装设熔断器。熔断器的熔丝一般按数只电能表最大电流之和选配。

三、低压单相进户线的安装

1. 操作程序

（1）按工作要求做好必要的停电措施，验电并悬挂接地线。

（2）接好冲击钻临时电源。

（3）按选定的进户点位置用冲击钻打眼、穿管、穿线，并选定低压熔断器安装位置。

（4）安装计量表箱及其断路器、隔离开关等。

（5）正确安装电能表。

（6）安装进户线，并与进户电能表正确连接。

（7）安装低压熔断器。

2. 安全注意事项

（1）工作前，由工作负责人明确人员分工，交待工作任务及现场实地情况，并详细交代安全措施和技术措施。

（2）进户线穿墙时，其保护套管管径应根据进户线的根数和截面积来确定，且不应小于 13mm。采用瓷管时应每线一根，以防止相间短路或对地短路；采用钢管时应把进户线都穿入同一钢管内。

（3）进户线经穿入管处应先套上软塑料管或包绝缘胶布后，方可再穿入套管，或在钢管两端加护圈，防止进户线在穿入套管处磨损，引起短路。

（4）工作负责人向工作班成员交待线路带电部位和停电部位以及现场地形情况，防止意外情况发生。

（5）使用的梯子应有防滑措施，且有专人护扶，以防止梯子溜滑造成工作人员伤害。

（6）临时电源应用专用导线，并装设有剩余电流动作保护器。

第四章 电能计量装置的基本知识

第一节 电能表简介

一、电能表的型号含义

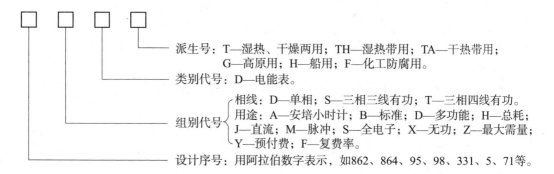

派生号：T—湿热、干燥两用；TH—湿热带用；TA—干热带用；
G—高原用；H—船用；F—化工防腐用。

类别代号：D—电能表。

组别代号：
相线：D—单相；S—三相三线有功；T—三相四线有功。
用途：A—安培小时计；B—标准；D—多功能；H—总耗；
J—直流；M—脉冲；S—全电子；X—无功；Z—最大需量；
Y—预付费；F—复费率。

设计序号：用阿拉伯数字表示，如862、864、95、98、331、5、71等。

电能表型号的表示方式举例如下：

（1）DD 表示单相电能表，如 DD862 型。

（2）DS 表示三相三线有功电能表，如 DS864 型。

（3）DT 表示三相四线有功电能表，如 DT862 型、DT864 型。

（4）DDS 表示单相电子式有功电能表，如 DDS102 型、DDS196 型。

（5）DTS 表示三相四线电子式有功电能表，如 DTS196 型。

（6）DSSD 表示三相三线全电子式多功能电能表，如 DSSD-331 型。

（7）DTSD 表示三相四线全电子式多功能电能表，如 DTSD-331 型。

二、电能表的铭牌标志

单相电能表的铭牌标志如图 4-1 所示。

（1）字轮式计度器的窗口 1。整数位和小数位用不同颜色区分，中间有小数点。若无小数位，窗口个字轮均有倍乘系数，如×100、×10、×1 等。

（2）计量单位名称或符号 2。有功电能表单位为 kW·h；无功电能表为 kvar·h。

（3）准确度等级。其以记入圆圈内的等级数字表示，如图 4-1 中②。无标志时，电能表表示为两级。常用有功电能表有 0.5、1.0、2.0 三个准确度等级。0.5 级电能表允许误差在±0.5％以内；1.0 级电能表允许误差在±1％以内；2.0 级电能表允许误差在±2％以内。

（4）参比电压。参比电压是指确定电能表有关特性的电压值，以 U_N 表示。对于三相三相电能表以相数乘以线电压表示，如 3×380V；对于三相四相电能表以相数乘以相电压/线电压表示，如 3×220/380V；对于单相电能表则以电压线路接线端上的电压表示，如 220V。如果电能表通过测量用互感器接入，并且在常数中已考虑互感器的变比时，应标明互感器变比，如 $3 \times 6000/100V$。

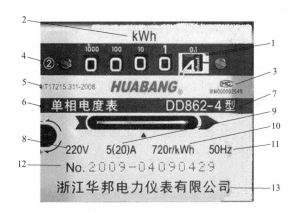

图 4-1 单相电能表的铭牌标志

1—字轮式计度器窗口；2—计量单位名称或符号；3—生产许可证编号；4—准确度等级；

5—制造标准；6—电能表名称；7—电能表型号；8—参比电压；9—基本电流和额定最大电流；

10—电能表常数；11—参比频率；12—出厂编号；13—制造厂家

（5）基本电流和额定最大电流。基本电流是确定电能表有关特性的电流值。额定最大电流是仪表能满足其制造标准规定准确度的最大电流值。如图 5-1 所示，5（20）A，即电能表的基本电流为 5A，额定最大电流为 20A。对于三相电能表还应在前面乘以相数，如 3×5（20）A；对于经电流互感器接入式电能表则标明互感器二次电流，以 100/5A 表示。电能表的基本电流和额定最大电流可以包括在型式符号中，如 FL246-1.5-6 或 FL246-1.5（6），若电能表常数中以考虑互感器变比时，应标明互感器变比，如 $3 \times 1000/5A$。

（6）电能表常数。电能表常数是指电能表记录的电能和相应的转盘转数或脉冲数之间关系的常数。有功电能表以 kW·h/r（imp）或 r（im p）/kW·h 形式表示，无功电能表以 kvar·h/r（imp）或 r（imp）/kvar·h 形式表示。

（7）参比频率。参比频率是指确定电能表有关特性的频率值，单位为 Hz。

除上述标志外，如果电能表的参比温度不是 23℃时，在铭牌上应标出；如果电能表上带有止逆器，也应在铭牌上标出。绝缘封闭Ⅱ类防护电能表用"回"符号表示；用于容性负载的无功电能表应标明"容性负载"；耐受环境条件的能力组别用"△"表示，分 P、S、A、B 四组。

第二节 计量用互感器

计量用互感器分为电压互感器（TV）和电流互感器（TA）两种。在电力系统中，为了保证电网安全、经济运行，必须装设一些测量仪表，当系统电压太高、电流较大时，不能直接用测量仪表进行测量，必须借助互感器将电网中的高电压、大电流转变为具有标准值的二次电压、电流，再接入测量回路。在电能计量装置中安装的互感器主要用于电能量的测量。

一、电流互感器

（一）电流互感器的结构及原理

如图 4-2 所示，电流互感器结构由相互绝缘的一次绕组、二次绕组、铁心以及构架、壳体、接线端子等组成。其工作原理与变压器基本相同，一次绕组的匝数（N_1）较少，直接串联于电源线路中，一次负荷电流（I_1）通过一次绕组时，产生的交变磁通感应产生按比例减小的二次电流（I_2）；二次绕组的匝数（N_2）较多，与仪表、继电器、变送器等电流线圈的二次负荷（Z）串联形成闭合回路，电流互感器一次绕组中流过的电流，决定于被测线路的电流，二次绕组电流的大小随一次绕组电流的变化而变化。二次绕组的额定电流一般为 5A 或 1A。电流互感器接线图如图 4-3 所示。

图 4-2　电流互感器

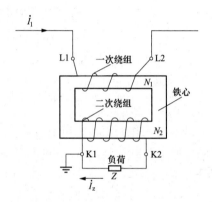

图 4-3　电流互感器的工作原理图

由于一次绕组与二次绕组有相等的安培匝数，当不考虑铁心损耗和套组漏抗时，$I_1 N_1 = I_2 N_2$。

电流互感器额定电流比为

$$K_I = \frac{I_1}{I_2} = \frac{N_2}{N_1} \tag{4-1}$$

电流互感器一次绕组匝数很少，二次绕组匝数很多，一次侧电流大，二次侧电流小。根据上式的关系可以制成不同变比的电流互感器。

（二）电流互感器的特点

（1）一次绕组串联在电路中，并且匝数很少，因此一次绕组中的电流完全取决于被测电路的负荷电流，而与二次电流无关。二次电流随一次电流变化而变化。

（2）电流互感器二次绕组所接仪表和继电器的电流线圈阻抗都很小，所以正常情况下电流互感器在近于短路状态下运行，相当于短路运行的变压器，严禁二次开路运行。

（三）电流互感器的主要作用

（1）电流互感器的主要作用是将很大的一次电流转变为标准的 5A 或（1A）电流。电流互感器的二次侧额定电流值一般为 5A 或 1A。它与标准化的二次仪表及保护装置配合使用，监测一次的各种电量和一次故障的切除。例如，用一只 5A 的电流表，通过不同变比的互感器就可以测量一次的大电流。

（2）为测量装置和继电保护的线圈提供电流。

（3）对一次设备和二次设备进行隔离。既可以防止主电路的高电压直接串入仪表等二次设备，又可以提高一、二次电路运行的安全性和可靠性，有利于保障人身及二次设备的安全。

（四）电流互感器主要技术参数

1. 电流互感器的型号含义

电流互感器的型号由 2～4 位字母符号及数字组成，通常表示电流互感器绕组类型、绝缘种类、使用场所及电压等级等。字母符号含义如下：

第一位字母：L—电流互感器。

第二位字母：M—母线式（穿心式）；Q—线圈式；Y—低压式；D—单匝式；F—多匝式；A—穿墙式；R—装入式；C—瓷箱式。

第三位字母：K—塑料外壳式；Z—浇注式；W—户外式；G—改进型；C—瓷绝缘；P—中频。

第四位字母：B—过流保护；D—差动保护；J—接地保护或加大容量；S—速饱和；Q—加强型。

字母后面的数字一般表示使用电压等级。例如：LMK-0.5S 型，表示使用于额定电压500V 及以下电路，塑料外壳的穿心式 S 级电流互感器；LA-10 型，表示使用于额定电压10kV 电路的穿墙式电流互感器。

2. 电流互感器的主要技术数据

（1）额定容量：额定二次电流通过二次额定负荷时所消耗的视在功率。额定容量可以用视在功率（V·A）表示，也可以用二次额定负荷阻抗（Ω）表示。

（2）一次额定电流：允许通过电流互感器一次绕组的用电负荷电流。用于电力系统的电流互感器一次额定电流为 5～25000A，用于试验设备的精密电流互感器为 0.1～50000A。电流互感器可在一次额定电流下长期运行，负荷电流超过额定电流值时叫做过负荷，电流互感器长期过负荷运行，会烧坏绕组或减少使用寿命。

（3）二次额定电流：允许通过电流互感器二次绕组的一次感应电流。

（4）额定电流比（变比）：一次额定电流与二次额定电流之比。

（5）额定电压：一次绕组长期对地能够承受的最大电压（有效值以 kV 为单位），应不低于所接线路的额定相电压。电流互感器的额定电压分为 0.5、3、6、10、35、110、220、330、500kV 等几种电压等级。

（6）10%倍数：在指定的二次负荷和任意功率因数下，电流互感器的电流误差为 -10%时，一次电流对其额定值的倍数。10%倍数是与继电保护有关的技术指标。

（7）准确度等级：表示互感器本身误差（比差和角差）的等级。电流互感器变换电流存在着一定的误差，根据电流互感器在额定工作条件下所产生的变比误差规定了准确等级。按国家标准，电流互感器的准确度等级有 0.01、0.02、0.05、0.1、0.2S、0.2、0.5S、0.5、1、3、10 级。用于电能计量时，视被测负荷容量或用电量多少依据规程要求来选择。

（8）比差：互感器的误差包括比差和角差两部分。比值误差简称比差，一般用符号 f 表示，它等于实际的二次电流与折算到二次侧的一次电流的差值，与折算到二次侧的一次电流的比值，以百分数表示。

（9）角差：相角误差简称角差，一般用符号 δ 表示，它是旋转 180° 后的二次电流向量与一次电流向量之间的相位差。规定二次电流向量超前于一次电流向量 δ 为正值，反之为负值，用分（′）为计算单位。

（10）热稳定及动稳定倍数：电力系统故障时，电流互感器受到由于短路电流引起的巨大电流的热效应和电动力作用，电流互感器应该有能够承受而不致受到破坏的能力，这种承受的能力用热稳定和动稳定倍数表示。热稳定倍数是指热稳定电流 1s 内不致使电流互感器的发热超过允许限度的电流与电流互感器的额定电流之比。动稳定倍数是电流互感器所能承受的最大电流瞬时值与其额定电流之比。

（11）电流互感器的极性标志。电流互感器在交流回路中使用，在交流回路中电流的方向随时间在改变。电流互感器的极性指的是某一时刻一次侧极性与二次侧某一端极性相同，即同时为正，或同时为负，称此极性为同极性端或同名端，用符号"＊"、"-"或"·"表示（也可理解为一次电流与二次电流的方向关系）。按照规定，电流互感器一次绕组首端标为 P1，尾端标为 P2；二次绕组的首端标为 S1，尾端标为 S2。在接线中 P1 和 S1 称为同极性端，P2 和 S2 也为同极性端。极性标志有加极性和减极性，常用的电流互感器一般都是减极性，即当使一次电流自 P1 端流向 P2 时二次电流自 S1 端流出经外部回路到 S2。

（五）电流互感器使用注意事项

使用电流互感器时，为了保证安全、准确计量，必须注意以下事项：

（1）电流互感器的配置应符合规程规定，其中包括接线方式、准确度等级、额定容量、二次连接导线截面积以及一次电流的确定等。

（2）应保证电流互感器与电能表按减极性连接。

（3）运行中的电流互感器二次必须接地、二次绕组严禁开路。当二次绕组开路时，二次绕组会出现数千伏的高压，危及二次工作人员的安全，损坏二次设备。

二、电压互感器

（一）电压互感器的结构及原理

电压互感器的工作原理与电力变压器相同。如图 4-4 所示。它主要由一、二次绕组，铁心和绝缘组成。当在一次绕组上施加一个电压 U_1 时，在铁心中就产生一个磁通 ϕ，根据电磁感应定律，则在二次绕组中就产生一个二次电压 U_2。改变一次或二次绕组的匝数，可以产生不同的一次电压与二次电压比，这就可组成不同变比的电压互感器。电压互感器的主要作用是将高电压变为低电压供给仪表。

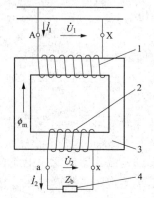

图 4-4　电压互感器的工作原理图

（二）电压互感器的特点

（1）电压互感器的基本原理与变压器相同，就其构造而言是一种小容量、大电压比的变压器，但它不输送电能。

（2）电压互感器的一次绕组并联于一次电路，而二次绕组与测量表计或继电保护装置的电压线圈并联。二次回路阻抗很大，工作电流和功耗都很小，相当于开路运行的变压器。

（三）电压互感器的主要作用

（1）把高电压按比例关系变换成 100（100/$\sqrt{3}$）V 二次电压，供保护、计量、仪表装置使用。

（2）为测量装置和继电保护提供电压。

（3）使用电压互感器可以将高电压与电气工作人员隔离。

（4）用来扩大仪表、继电器等二次设备应用的电压范围。例如，用一只100V的电压表，通过不同变比的电压互感器就可以测量不同电压等级的一次电压，这也有利于仪表、继电器等二次设备的批量生产。

（四）电压互感器的分类

（1）按用途分类：安装式电压互感器和标准电压互感器。

（2）按相数分类：单相电压互感器和三相电压互感器。

（3）根据安装地点分类：户内型电压互感器和户外型电压互感器。

（4）根据结构不同分类：

1）单级式电压互感器，一次绕组和二次绕组均绕在同一个铁心柱上。

2）串级式电压互感器，一次绕组由几个匝数相等、几何尺寸相同的单级绕组串联而成，二次绕组与一次绕组的接地端绕在同一铁心柱上。

（5）根据电压变换原理分类：

1）电磁式电压互感器，以电磁感应来变换电压。

2）电容式电压互感器，以电容分压来变换电压。

3）光电式电压互感器，以光电元件来变换电压。

（五）电压互感器的分类和型号

我国规定用汉语拼音字母组成电压互感器的型号，不同的字母分别表示其相别、结构、绝缘方式和用途等。电压互感器型号中字母的含义如下：

第一位字母：J—电压互感器。

第二位字母：D—单相；S—三相；C—串级式。

第三位字母：J—油浸；G—干式；R—电容式；C—瓷绝缘；Z—浇注式。

第四位字母：W—五柱铁心；B—带补偿角差绕组；J—接地保护。

例如JDJ—10，表示10kV单相油浸式电压互感器。

（六）电压互感器的主要技术数据

1. 额定变比

电压互感器的额定变比是一次额定电压与二次额定电压的比值，标在电压互感器的铭牌上。额定变比也称为额定电压比，还可表示为

$$K_u = \frac{一次额定电压值}{二次额定电压值} = \frac{U_{1N}}{U_{2N}} \tag{4-2}$$

2. 准确度等级

电压互感器的准确度等级是指在规定的使用条件下，电压互感器的误差应在规定的限度之内。目前，电力系统采用的测量用电压互感器的准确度等级有0.2、0.5、1、3四个等级，而电能计量装置中只使用0.2、0.5两个等级。

3. 额定容量

电压互感器的额定容量也称为额定二次负荷。这里的负荷是指二次回路的导纳，用S（西门子）和功率因数（滞后和超前）表示。负荷以视在功率的单位为V·A。

额定容量是与准确度相对应的容量，它是在额定二次电压下，电压互感器二次回路允许接入的负荷值。

4. 额定二次负荷功率因数

额定二次负荷功率因数是指额定工作状态下，电压互感器二次负荷的功率因数。电压互

感器二次回路接入感应式电能表时，其功率因数为 0.2～0.5；而接入电子式电能表时，呈现出高功率因数，有时会呈现容性。因此，在选用电压互感器的额定二次负荷功率因数时，要视二次负荷的性质而选择。

5. 极性标志

为了保证测量及安装工作中接线正确，电压互感器一、二次绕组的端子应有明显的极性标志。

单相电压互感器一次绕组的首端为 A，末端为 B；二次绕组的首端为 a，末端为 b。

电压互感器的一次绕组标志 A 与二次绕组标志为 a 的端子属于同名端，表示电源电流由 A 端输入时，二次绕组的电流由 a 端流出。A 和 a 称为同极性端，这样的极性标志称为减极性。

6. 误差

由于电压互感器存在励磁电流和内阻抗，测量时结果都呈现误差，通常用电压误差（又称比值差）和角误差（又称相角差）表示。

（1）电压误差为二次电压的测量值乘额定互感比所得一次电压的近似值与实际一次电压之差，而以后者的百分数表示。

（2）角误差为旋转 180°的二次电压相量与一次电压相量之间的夹角，并规定二次电压相量超前于一次电压相量时误差为正值；反之，则为负值。

电压互感器的误差主要来源于励磁电流和二次电流在一、二次绕组的电阻和漏抗中的压降。为减小误差，可在绝缘允许的情况下，减小一、二次绕组间的间隙，以减小其漏磁阻抗。

（七）电压互感器的接线方式

电压互感器在运行中，电能表的电压元件、监测电压表、有功功率表、无功功率表、保护装置中的相关继电器均并联在其二次回路，下面主要介绍在电能计量装置中使用的电压互感器的主要接线方式。

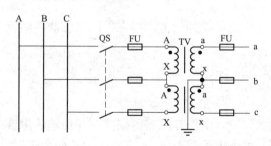

图 4-5　两台单相电压互感器 V/V 接线

1. 电压互感器的 V/V 接线

两台电压互感器 V/V 接线如图 4-5 所示。

两台单相电压互感器 V/V 接线时，其一次侧是不允许接地的，因为这相当于系统的一相直接接地。但对这样的单相电压互感器，哪一个引出端为 A 端，哪一个引出端为 X 端都可以，只是需要将电压互感器的二次引出端和一次相对应就行，而应在二次中性点接地。

V/V 接线也称不完全星形接线，广泛应用在中性点绝缘系统 35kV 及以下的高压三相三线电路，尤其在 10kV 供电的用户电能计量装置中，这是因为该接线能节省一台电压互感器，同时又能满足三相三线电能表所需的线电压。但这种接线的缺点是不能测量相电压，不能监督线路的接地情况。

2. YNyn 接线

YNyn 接线方式为三台三绕组单相电压互感器接成星形，它可以测量线电压和相电压。其辅助的二次绕组接成开口三角形构成零序电压过滤器供保护继电器，其接线如图 4-6 所示。

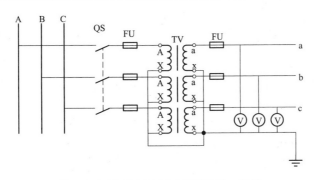

图 4-6　两台单相电压互感器 YNyn 接线

此种接线主要用在 110kV 及以上的电网中，可供给要求测量线电压的仪表或继电器，以及供给要求相电压的绝缘监察电压表。

3. 三相五柱电压互感器接线

在 6～10kV 配电装置中，尤其在供电部门变电站的 10kV 母线上，广泛采用三相五柱电压互感器，其接线图如图 4-7 所示。三相五柱式电压互感器，其一次绕组及主二次绕组均接成星形，附加二次绕组接成开口三角形。接成星形的二次绕组供电给绝缘监察用的电压表，保护及测量仪表；接成开口三角形的二次绕组供电给绝缘监察继电器，其外形如图 4-8 所示。

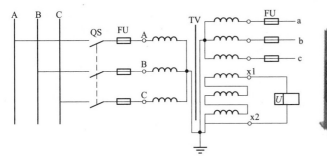

图 4-7　三相五柱电压互感器接线

图 4-8　三相五柱电压互感器外形

正常情况下，系统三相电压对称，三相电压之和为零，开口三角两端电压接近于零，电压继电器不动作。当发生单相接地故障时，开口三角两端出现零序电压，电压继电器动作，发出预告信号。开口三角形每相绕组的额定电压为 100/3V，单相接地时开口三角两端出现的三倍相电压为 100V。

三相五柱式电压互感器开口三角形绕组开口处的输出电压为

$$\dot{U}_{LN} = \dot{U}_a + \dot{U}_b + \dot{U}_c \tag{4-3}$$

当系统正常运行时，$\dot{U}_a$、$\dot{U}_b$、$\dot{U}_c$ 对称，因而 $\dot{U}_{LN} = 0$。

当系统发生单相完全接地时，$\dot{U}_{LN} = \dot{U}_a + \dot{U}_b = -3\dot{U}_c$。三相五柱式电压互感器在制造时，其辅助二次绕组的变比按 100/3 的电压设计，所以在开口处出现 100V 零序电压。当发生不完全接地时，开口处的零序电压小于 100V，但电压继电器的整定值只需躲过正常运行时的三相不平衡电压和电压互感器误差等引起的零序电压（一般为 15V），所以发生单相接地时通常都能使继电器动作。

（八）电压互感器的正确使用

在电能计量装置中使用电压互感器时，为了保证安全、准确的计量目的，必须注意以下事项：

（1）电压互感器在投入运行前要按照规程规定的项目进行试验检查。例如，测极性、连接组别、摇绝缘、核相序等。

（2）电压互感器的接线应保证其正确性，一次绕组和被测电路并联，二次绕组应和所接的测量仪表、继电保护装置或自动装置的电压线圈并联，同时要注意极性的正确性。

（3）接在电压互感器二次负荷的容量应合适，接在电压互感器二次负荷不应超过其额定容量；否则，会使互感器的误差增大，难以达到测量的正确性。

（4）电压互感器二次回路严禁出现对地短路和相间短路事故，在发生以上事故时，易烧毁电压互感器。

（5）为了确保接触测量仪表和继电器时的人身安全，电压互感器二次绕组必须有一点接地。因为接地后，当一、二次绕组间的绝缘损坏时，可以防止仪表和继电器出现高电压危及人身安全。

第三节　电能计量装置的分类及准确度等级

一、电能计量装置的组成

电能计量装置是用来测量一段时间内电功率累积值的设备。其有以下两种类型：

1. 高压计量装置

高压计量装置一般由电压互感器、电流互感器、电能表及导线组成。电压互感器的作用是将高压变成低压，二次额定电压为 100V。电流互感器是将大电流变换成小电流，二次侧额定电流一般为 5A。

2. 低压计量装置

当负荷电流较大（一般为 50A 以上）时需要加装电流互感器，将大电流变成小电流后，再用电能表测量，若负荷电流较小则可通过电能表直接测量。

二、电能计量装置的分类

为了保证电能计量值的准确、统一和电能计量装置运行的安全可靠，电能计量方式应满足供电方式和电费管理制度的需要；同时电能表、互感器准确度等级等应按照 DL/T 448—2000《电能计量装置技术管理规程》中电能计量装置分类的规程配置。

运行中的电能计量装置按其所计量点能量的多少和计量对象的重要程度分为五类。

（1）Ⅰ类电能计量装置。Ⅰ类电能计量装置是指月平均用电量 500 万 kW·h 及以上或变压器容量为 10000kV·A 及以上的高压计费用户、200MW 及以上发电机、发电企业上网电量、电网经营企业之间的电量交换点、省级电网经营企业与其供电企业的供电关口计量点的电能计量装置。

（2）Ⅱ类电能计量装置。Ⅱ类电能计量装置是指月平均用电量 100 万 kW·h 及以上或变压器容量为 2000kV·A 及以上的高压计费用户、100MW 及以上发电机、供电企业之间的电量交换点的电能计量装置。

（3）Ⅲ类电能计量装置。Ⅲ类电能计量装置是指月平均用电量 10 万 kW·h 及以上或变压器容量为 315kV·A 及以上的计费用户、100MW 以下发电机、发电企业用电量、供电企业内部用于承包考核的计量点、考核有功电量平衡的 110kV 及以上的输电线路电能计量装置。

（4）Ⅳ类电能计量装置。Ⅳ类电能计量装置是指负荷容量为 315kV·A 以下的计费用户、发供电企业内部经济技术指标分析、考核用的电能计量装置。

（5）Ⅴ类电能计量装置。Ⅴ类电能计量装置是指单相供电的电力用户计费用电能计量装置。

三、准确度等级

各类电能计量装置应配置的电能表、互感器的准确度等级不应低于见表 4-1 所示值。

表 4-1　　　　各类电能计量装置应配置的电能表、互感器的准确度等级

电能计量装置类别	准确度等级			
	有功电能表	无功电能表	电压互感器	电流互感器
Ⅰ	0.2S 或 0.5S	2.0	0.2	0.2S 或 0.2＊
Ⅱ	0.5S 或 0.5	2.0	0.2	0.2S 或 0.2＊
Ⅲ	1.0	2.0	0.5	0.5S
Ⅳ	2.0	3.0	0.5	0.5S
Ⅴ	2.0	—	—	0.5S

注　1. 0.2＊级电流互感器仅指发电机出口电能计量装置中配用。
　　2. S级电流互感器在 $1\%I_b \sim 120\%I_b$ 范围都能满足准确度等级要求。

用于贸易结算的Ⅰ、Ⅱ类电能计量装置中，电压互感器二次回路电压降应不大于其额定二次电压的 0.2%，其他电能计量装置中电压互感器二次回路电压降应不大于其额定二次电压的 0.5%。

第四节　电能表的检定及误差分析

一、电能计量装置的综合误差

电能计量装置是由电能表、互感器和二次回路连接导线三部分组成。因此电能计量装置的综合误差就应包含这三部分的误差

$$\gamma = \gamma_0 + \gamma_b + \gamma_d \tag{4-4}$$

式中　γ_0——电能表本身的误差；

　　　γ_b——互感器的合成误差；

　　　γ_d——二次回路导线压降误差。

只有综合误差才能反映出电能计量装置的准确度。

二、电能表的检定方法

电能表的检定就是对电能表是否合格做出鉴定，其主要任务是利用标准仪表确定电能表的准确度等级。通过检定如果发现电能表的某些特性，特别是误差特性达不到规定的要求时，应利用电能表的调整装置进行调整，使之满足要求。电能表的检定项目主要有以下几项。

（一）直观检查

直观检查就是检查者凭肉眼或简单工具对电能表的外观及内部所进行的检查。直观检查包括对电能表的外部检查和内部检查。

1. 外部检查

外部直观检查的内容和要求有：

（1）铭牌的标志应完整、清楚；

（2）计度器不应偏斜，字轮式计度器除末位字轮外其余字轮数字被遮盖部分不得超过字高的 1/5；

（3）转盘上应有明显的供计读转数的有色标记；

（4）玻璃窗应完整、牢固、清晰，密封应良好；

（5）外壳及底座完好无凹陷，油漆无剥落现象；

（6）端钮盒牢固、无损伤，盒盖上或端钮盒上应有接线图或接线标志；

（7）固定外壳及端钮盒内的螺钉和铅封穿孔必须完好无缺损，接触部分不得锈蚀或涂漆。

2. 内部检查

内部直观检查的内容及要求如下：

（1）垫带完整，密封良好；

（2）固定计度器、轴承及调整装置的螺钉、固定磁钢和驱动元件的螺钉，均应紧固、无缺损；

（3）转轴应直，转盘应平整，其平面与电磁铁、永久磁钢的磁极端面应平行，且位置适中；

（4）蜗轮与蜗杆齿的啮合深度应在齿高的 1/2 左右；

（5）焊接部分质量可靠，无虚焊现象；

（6）表内应无铁屑或其他杂物。

（二）工频耐压试验

新生产和修理后的电能表应在绝缘电阻测试合格后再进行工频耐压试验，经受不住耐压的电能表就无需进行下一步试验。

耐压试验时，应在 5～10s 内平稳地将电压升到规定值，并保持 1min，绝缘应不被击穿，随后试验电压以同样速度降到零。耐压试验中，如出现电晕、噪声和转盘抖动现象，不能认为已被击穿。

（三）起动和潜动

1. 潜动试验

基本误差达到要求后，再进行潜动试验。电能表由于电磁元件、转动元件装配不当或者低负荷补偿力矩过大，会产生潜动力矩。电能表的潜动会影响计量的准确性，因而新生产的和经过检修的电能表都要进行潜动试验。

在潜动试验时，要求字轮式计度器末位字轮不在进位状态，并且潜动试验时限不得少于规定值。因为电能表会有时走时停的现象，所以必须观察一段时间，直到确定转盘基本不动，电能表潜动试验才算合格。

修理后的电能表加 110% 额定电压，新生产的和重绕电压线圈、电流线圈的电能表还应加 80% 额定电压（经互感器接入式的电能表，在周期检定时电流回路可连成通路而不通负载电流，或者根据使用者需要，在功率因数为 1.0 的条件下，通 1/4 允许起动电流值，试验电压可提高到 115% 额定电压），转盘的转动不得超过 1r，即为合格。

2. 起动试验

电能表起动电流的大小直接决定着电能表灵敏度的大小。电能表在运行过程中，必须具有足够的灵敏度才能准确计量电能。

启动试验时，在额定电压、额定频率和功率因数为 1.0 的条件下，负载电流升到规定值后，转盘应连续转动且在时限 t_Q 内不少于 1r。时限 t_Q 的计算式为

$$t_Q = 1.4 \times \frac{60 \times 1000}{C P_Q} \quad (\text{min}) \tag{4-5}$$

式中　C——电能表常数，$r/(kW \cdot h)[r/(kvar \cdot h)]$。

　　P_Q——启动功率，W。

启动功率的测量误差不超过 $\pm 10\%$，启动电流的测量不超过 $\pm 5\%$，字轮式计度器同时进位的字轮不得多于两个。

（四）校核常数

校核常数实际上是校核计度器的传动比。校核常数有以下三种方法。

1. 计读转数法

电能表在额定电压、额定最大电流和功率因数为 1.0 的条件下，计度器末位字轮改变 1 个数字时，转盘转数应和计算值相同。

2. 恒定负载法

负载功率稳定时，电能表在额定电压、额定最大电流和功率因数为 1.0 的条件下，记录通电时间（不少于 15min）和计度器在通电前后的示值；若负载功率的平均值与通电时间的乘积，约等于计度器在通电前后的示值之差，即可断定常数是正确的。

3. 走字实验法

检定规格相同的一批电能表，可在测定基本误差后校核常数，为此选用误差较稳定而常数已知的两只电能表作为参照表。各表的同相电流线圈串联而电压线路并联，加额定最大负载，当计度器末位字轮改变不少于 10（对 0.5~1.0 级表）或 5（对 2.0 级表）个数字时，参照表与其他表的示数（通电前后示值之差）应符合

$$\gamma_0 = \frac{D_i - D_0}{D_0} \times 100 + \gamma_b \leqslant 1.5 \text{ 倍基本误差} \tag{4-6}$$

式中　D_0——两只参照表示数的平均值；

　　γ_b——两只参照表相对误差的平均值，$\%$；

　　D_i——第 i 只被检电表的示数。

（五）基本误差的测定

测定电能表的基本误差，应在规定的电压、频率、波形、温度、指定的相位及已知的负载特性等条件下进行。检定电能表基本误差的装置，其误差等级应为被测试电能表的 1/3~1/5。

电能表基本误差检定方法，从基本原理来看可分瓦秒法和标准电能表比较法。

1. 瓦秒法

用标准功率表测量调定的恒定功率，同时用标准测时器测量电能表在恒定功率下转若干转所需时间，该时间与恒定功率的乘积所得实际电能，与电能表测定的电能相比较，即能确定电能表的相对误差。

瓦秒法是检定标准电能表和进行电能表特性试验的主要方法，瓦秒法又分以下两种方法：

（1）定转测时法。用固定转数确定测量时间，此时电能表的相对误差为

$$\gamma_0 = \frac{T - t}{t} \times 100\% + \gamma_b \tag{4-7}$$

$$t = \frac{3600 \times 1000 N}{C K_L K_Y P} \qquad (4\text{-}8)$$

式中　γ_b——标准功率表或检定装置的已定系统误差,不需要修正时 $\gamma_b=0$,%;

　　t——实测时间,即电能表在恒定功率下转 N 转时标准测时器测定的时间,s;

　　T——算定时间,即假定电能表没有误差时在恒定功率下转 N 转需要的时间,s;

　　N——选定的电能表转数;

　　C——电能表常数;

K_L,K_Y——电能表铭牌上标注的电流、电压互感器的额定变比,未标注者为1;

　　P——试验时通过被测试电能表的实际功率。

(2) 定时测转法。在固定时间内测量电能表转数,此时电能表的相对误差为

$$\gamma_0 = \frac{n-n_0}{n_0} \times 100\% + \gamma_b \qquad (4\text{-}9)$$

$$n_0 = \frac{C K_L K_Y P t}{3600 \times 1000} \qquad (4\text{-}10)$$

式中　n——实测转数,即在选定的时间 t 内电能表在恒定功率下所转的转数;

　　n_0——算定转数,r。

每一负载功率下算定转数 n_0 应不少于4r,若用手动控制标准测时器,选定时间 t 应不少于150s。

2. 标准电能表法

用标准电能表所测量的电能与被测电能表测定的电能相比较,以确定被测电能表相对误差。

(1) 固定转数法。电能表的转数是固定的,当转到固定转数时电能表停止,此时电能表的误差为

$$\gamma_0 = \frac{n-n_0}{n_0} \times 100\% + \gamma_b \qquad (4\text{-}11)$$

$$n_0 = \frac{C_0 N}{C K_L K_Y K_I K_U K_J} \qquad (4\text{-}12)$$

式中　n——实测转数,当用三只或两只单相标准表检定三相电能表时,n 为各只单相标注电能表转数的代数和;

　　n_0——算定转数,即假定被检电能表没有误差时转 N 转,标准电能表应转的转数;

K_L,K_Y——电能表铭牌上标注的电流、电压互感器的额定变比,未标注者为1;

K_I,K_U——同标准电能表联用的标准电流互感器和标准电压互感器使用的额定变比;

　　K_J——接线系数,与标准电能表的接线有关;

　　C——被检电能表常数;

　　C_0——标准电能表常数。

(2) 光电脉冲法。在标准电能表和被测电能表都在连续转动的情况下,用测量与标准电能表成正比的脉冲的方法测定,此时电能表的误差为

$$\gamma_0 = \frac{m_0-m}{m} \times 100\% + \gamma_b \qquad (4\text{-}13)$$

$$m_0 = \frac{C_m N}{C K_L K_Y K_I K_U K_J} \quad 或 \quad m_0 = n_0 s \qquad (4\text{-}14)$$

式中　m——实测脉冲数；

　　　m_0——预置脉冲数；

　　　C_m——标准电能表的脉冲常数，imp/（kW·h）；

　　　s——标准电能表转一转，脉冲显示器显示的脉冲数；

　　　n_0——算定转数。

第五节　电能计量装置的接线方式及安装要求

一、电能计量装置的接线方式

电能计量工作是国家电网公司管理的一个重要环节，要准确的计量交流电能，不仅要保证电能表、互感器的准确度，更重要的是要保证电能计量装置接线的正确性，否则不但不能保证计量准确，甚至还会将电能表、互感器烧坏。由于经济利益的驱动，窃电和违章用电现象日趋严重，因此更要通过对接线进行检查、分析、计算等手段来分析电能表反映的功率和电能计量装置接线是否正确。

（1）220V 电路，小容量单相负荷接线方式。用于单相电路的电能计量装置一般只有单相电能表（如 DD201 型），这种表只有一个驱动元件（一个电流线圈和一个电压线圈）。如图 4-9 所示，其接线方式是：电流线圈与负载串联，电压线圈负载并联。

（2）220V 电路，较大容量单相负荷经电流互感器接线方式。我国单相电能表的额定电压为交流 220V，目前额定电流最大可达 50A。如果大于 50A，就需要安装电流互感器，将大电流变为小电流再接入单相电能表。根据电能表的电压线圈和电流线圈是否通过连接片连接，可采用图 4-10 和图 4-11 所示的两种方式。

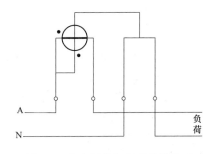

图 4-9　小容量单相负荷接线方式

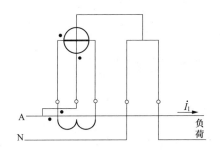

图 4-10　较大容量单相负荷经电流互感器接线方式

1）电能表中电压线圈和电流线圈没有通过连接片连接，可采用图 4-10 所示接线。

2）通常单相电能表中，电压线圈和电流线圈是通过连接片连接后，使用同一个出线孔接线，因此一般的单相电能表不能实现上述的接线方式。因为在低电压的情况下，允许电流互感器的二次侧不接地，因此一般采用如图 4-11 所示的接线方式。

（3）3×220/380V 电路，小容量三相负荷直接接入接线方式（见图 4-12）。

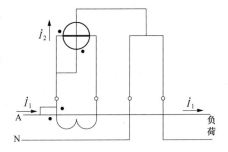

图 4-11　较大容量单相负荷经电流
互感器接线方式

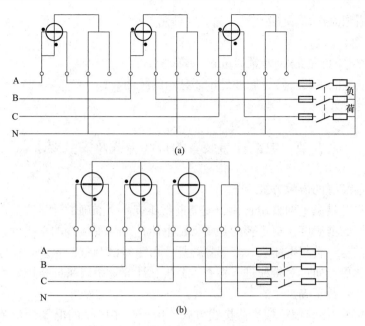

(a)

(b)

图 4-12　小容量三相负荷直接接入接线方式
（a）三只单相电能表接线方式；（b）一只三相四线有功电能表接线方式

（4）3×220/380V 电路，大容量三相负荷经电流互感器接入接线方式（见图 4-13）。

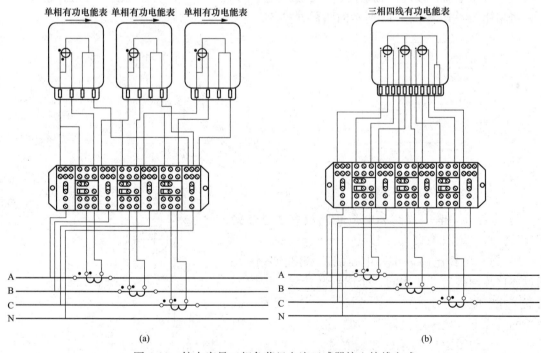

(a)　　　　　　　　　　　　　　(b)

图 4-13　较大容量三相负荷经电流互感器接入接线方式
（a）三相四线负荷三只单相电能表；（b）三相四线负荷一只三相四线有功电能表

(5) 高供高计电能计量接线方式（见图 4-14）。

二、安装要求

电能计量安装业务是电能计量专业的一项基础性工作，安装的质量关系到供用电双方的利益。电能计量装置的安装设计应符合国家相关规程的规定，并应根据实际情况设计安装合理的电能计量装置，主要要求如下：

(1) 计费电能表装置应尽量靠近用户资产分界点，电能表和电流互感器尽量靠近装设点。

(2) 计费的计量装置应装在表箱内，安装前要检查表箱是否完好，监测玻璃不破、不缺，可以加封印，一般暗式表箱安装下沿离地不低于 1m，明装表箱下沿离地不低于 1.7m。铁质箱要接地，电流互感器的金属外壳要接地，接地线截面积不小于 $2.5mm^2$。

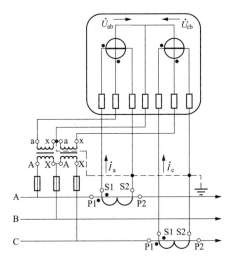

图 4-14　高供高计电能计量接线方式

(3) 高压有功、无功电能表的安装前按电流互感器相位标志接入，不能接错（因涉及校表的综合误差），一次线连接不能绕接，二次线不用的次级要短接接地。35kV 及以下专用电压互感器接二次线不得装熔断器。35kV 以上的电压互感器接二次回路应不装隔离开关辅助触点，但可装设熔断器。一次安全距离要合格，相与相、相与地安全距离 10kV 不小于 125mm，35kV 不小于 300mm。电压互感器二次回路导线截面积不小于 $2.5mm^2$，电流互感器不小于 $2.5mm^2$，高压电能表不小于 $4mm^2$。

(4) 安装环境清洁、干燥、明亮、无腐蚀气体，不受振动，便于抄读和装拆表。

(5) 电能计量装置包括各类电能表、计量用电压、电流互感器及其二次回路、电能计量柜。电能计量装置验收的目的是为了保证电能计量量值的准确、统一和电能计量装置的安全可靠。电能计量装置的设计方案应经有关的部门及供电公司电能计量人员审查通过。电能计量装置所选用的计量器具应具有制造计量器具许可证、进网许可证（行业已发证的产品）和出厂检验合格证。安装的电能计量器具必须经供电公司或法定计量检定机构检定合格。

三、技术要求

1. 电能表规格要求

根据相关规程要求，直接接入式的电能表，其基本电流应根据额定最大电流和过载倍数来确定。其中，额定最大电流应按经核准的客户报装负荷容量来确定。过载倍数，对正常运行中的电能表实际负荷电流达到最大额定电流的 30％ 以上的，宜取 2 倍表；实际负荷电流低于 30％ 的，应取 4 倍表。居民配表时一般都放宽一倍，满足居民在一定时期内用电自然增长的需要，申请 10A 就配最大额定电流 20A 的表。考虑居民用电负荷随季节性变化比较大，为了计量准确目前都选用 4 倍表，即 5（20）A。

2. 标定电流要求

直接接入电能表的标定电流应按正常运行电流的 30％ 左右选择。

经电流互感器接入的电能表，其标定电流宜不超过电流互感器额定二次电流的 30％，其额定最大电流应为电流互感器额定二次电流的 120％ 左右。

3. 额定电流要求

电流互感器额定一次电流的确定：①应与配电变压器低压侧额定电流相匹配；②应保证其在正常运行中的实际负荷电流达到额定值的 60% 左右，至少不小于 30%。电流互感器额定二次电流应选用 5A。

4. 准确度等级要求

电能计量装置应配置的电能表、互感器的准确度等级要求见表 4-2。

表 4-2　　　　电能计量装置应配置的电能表、互感器准确度等级要求
《DL/T 448—2000 电能计量装置技术管理规程》

计量类别		I	II	III	IV	V
月平均用电量		500 万 kW·h 及以上	100 万 kW·h 及以上	10 万 kW·h 及以上	—	
变压器容量		10000kV·A 及以上	2000kV·A 及以上	315kV·A 及以上	315kV·A 以下	
发电厂		200MW 及以上发电机	100MW 及以上发电机	100MW 以下发电机	发供电企业内部经济技术指标分析、考核用的电能计量	单相供电的电力用户
其他		发电企业上网计量	供电企业之间的电能交换点	发电企业厂用电	—	
		电网企业之间的电量交换	—	供电企业内部用于承包考核的计量	—	
		省级电网与其供电企业的供电关口计量	—	考核有功电量平衡的 110kV 及以上的输电线路	—	
准确度等级	有功电能表	0.2S 或 0.5S	0.5S 或 0.5	1.0	2.0	2.0
	无功电能表	2.0	2.0	2.0	3.0	—
	电压互感器	0.2	0.2	0.5	0.5	—
	电流互感器	0.2S 或 0.2*	0.2S 或 0.2*	0.5S	0.5S	0.5S
电能表现场检验		至少每 3 个月 1 次	至少 6 个月 1 次	至少每年 1 次	—	—
电能表修调前检验合格率		100%	100%	98%	95%	—
电能表轮换		3~4 年	3~4 年	3~4 年	4~6 年	—
高压互感器		每 10 年现场检验一次				—
备注		(1) 新投运或改造后的 I、II、III、IV 类高压电能计量装置应在 1 个月内进行首次现场检验。 (2) 0.2* 级电流互感器仅指发电机出口电能计量装置中配用				

第六节　电子式电能表

得益于电子技术的发展，20 世纪 40 年代，电子式电能表诞生于欧洲。20 世纪 80 年代之前，电子式电能表并没有显现出巨大生命力和活力，其应用局限于高准确度电能表、标准表和检验装置，成本也比较高，性能和可靠性并不比机械表优越很多。

20 世纪 80 年代末、90 年代初，电子技术发展迅速，电子式电能表也取得了飞跃的发展，国外大公司推出了全电子式多功能电能表，如斯伦贝谢、LANDIS&GYR 和美国 GE 公司，但是价格非常昂贵。

国内电子式电能表产品于 20 世纪 90 年代出现，首先是成都曙达公司推出的机电一体式电能表；珠海恒通仪表有限公司在 1993 年率先推出的电子式单相电能表，宁夏宁光仪表有限公司推出了电子式三相有功电能表；湖南威胜电子有限公司也于 1993 年推出了集有功计量和无功计量于一表的电子式三相多功能电能表，填补了国内空白。

随着国家城乡电网改造工程的开展，国内电子式电能表厂家如雨后春笋不断涌现，无论是高档、高准确度三相电能表，还是低档、低准确度单相电能表都出现了大量的、性能优越的产品。电子式电能表在技术上从模拟乘法器到数字乘法器，性能越来越好，设计水平和生产工艺水平不断提高，而价格越来越低。大规模批量生产工艺也非常成热，已形成了一个非常有活力、欣欣向荣的产业。

一、电子式电能表的分类和特点

（一）电子式电能表的分类

电子式电能表的分类方法很多，通常有以下几种：

（1）按规格分类有：单相电子式电能表、三相电子式电能表。

（2）按接入方式分类有：经互感器接入式电子式电能表、直接接入式电子式电能表。

（3）按功能分类有：有功电子式电能表、无功电子式电能表、有功无功组合电子式电能表、有功复费率电子式电能表、最大需量电子式电能表、多功能电子式电能表。

（4）按原理分类有：模拟乘法器型、数字乘法器型等。

（二）电子式电能表的特点

电子式电能表得到如此大的发展，是因为与普通感应式电能表相比，在性能和功能方面有很大的优势。

（1）功能强大。电子式电能表可实现正、反向有功、四象限无功、复费率、预付费、远程抄表等功能。特别是采用 A/D 转换原理的电能表，其功能的扩展十分方便；而普通感应式电能表受其结构和原理的限制，要进一步扩展其功能很困难。

（2）准确度等级高且稳定。感应式电能表的准确度等级一般为 0.5～3 级，并且由于机械磨损，误差很容易发生变化；而电子式电能表可方便地利用各种补偿技术轻易地做到较高的准确度等级，一般为 0.2～1 级，并且误差稳定性很好。

（3）启动电流小且误差曲线平整。感应式电能表要在 $0.3\%I_b$ 下才能启动并计量；而电子式电能表非常灵敏，在 $0.1\%I_b$ 下就可启动计量。

（4）频率响应范围宽。感应式电能表的频率响应范围一般为 45～55Hz，而电子式多功能电能表的频率响应范围为 40～2000Hz。

（5）受外磁场影响小。感应式电能表是依靠磁场的原理进行计量的，因此外界磁场对表计的影响较大；而电子式多功能电能表主要是通过乘法器进行运算的，受外磁场影响较小。

（6）过载能力大。感应式电能表一般只能过载 4 倍，而电子式多功能电能表可过载 6～10 倍。

（7）防窃电能力强。窃电是我网城乡用电中一个无法回避的现实问题，感应式电能表由于自身的局限，防窃电能力较差，电子式电能表从工作原理上可以实现一定的防窃电功能。

（8）强大的事件记录功能。具有强大的事件记录功能是电子式电能表的又一大特色。电子式电能表采用 CPU 作为管理功能的核心，可以实现大量的事件记录、监控功能，如失压、失流、过压、过流、编程、开盖、电压合格率等。这是感应式电能表不具备的。

（9）便于安装使用。感应式电能表的安装有严格的要求；而电子式电能表采用静止式的计量方式，因此不存在上述问题，加上体积小、质量轻，更便于使用。

表 4-3 列出了两种电能表的性能比较。

表 4-3　　　　　　　　　　　感应式电能表与电子式电能表的性能比较

类别	感应式电能表	电子式电能表
准确度（级）	0.5～3	0.2～1
频率范围（Hz）	45～55	40～2000
起动电流	$0.3\%I_b$	$0.1\%I_b$
外磁场影响	大	小
安装要求	严格	不必
过载能力	4 倍	6～10 倍
功耗	大	小
电磁兼容性	好	一般
日常维护	简单	较复杂
功能	单一	完善、可扩展

二、单相电子式电能表

（一）工作原理

如图 4-15 所示，电能表的电能计量采用大规模专用集成电路（图中虚线所示）。用户所消耗的电能，通过对分压器和分流器上的信号采样并进行 A/D 变换（模数变换），经数字乘法器输出的数字信号送至（数字/频率）转换器，经转换器电路输出。其中，一路为输出的脉冲信号（脉冲指示输出电路），显示电能消耗速率；另一路再次分频成极低信号，经驱动电路驱动步进电机带动计度器，直接显示电能量。

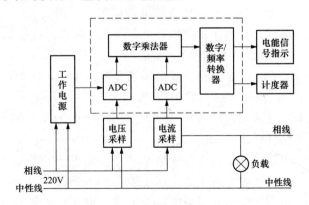

图 4-15　电子式电能表的原理框图

（二）结构

单相电子式电能表外壳由底壳、上盖、端钮盒和端盖四部分组成，上盖和端盖分别加有铅封。其外形如图 4-16 所示。

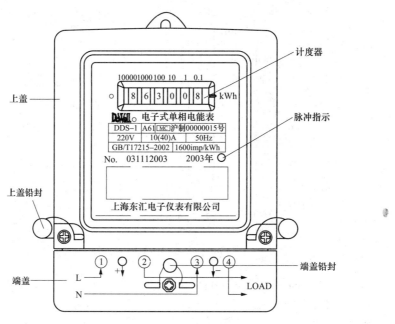

图 4-16 单相电子式电能表外形图

（三）接线与安装

电能表在出厂前经检验合格并加铅封，即可安装使用。电能表可安装在室内或室外使用，安装表的底板应固定在坚固耐火的墙上，建议安装高为 1.8m 左右，空气中无腐蚀性气体。

单相电子式电能表的接线如图 4-17 所示。

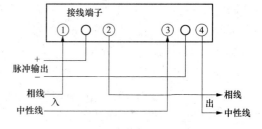

图 4-17 单相电子式电能表的接线图

三、三相电子式多功能电能表

三相电子式多功能电能表是采用大规模集成电路，应用数字采样处理技术，根据工业用户实际用电状况所设计、制造的具有现代先进水平的仪表。

三相电子式多功能电能表可精确计量各个方向的有功无功电量、需量、瞬时量；还可记录失压、失流、电流不平衡、电压合格率、编程记录、开盖记录等大量数据；具有独立的 RS485 通信口和红外通信口、有手动及红外停电唤醒、负荷曲线记录、三相全失压电流检测等功能；采用了数据校验技术，大大提高了数据的可靠性和安全性。三相电子式多功能电能表性能稳定、准确度高、功能强大、操作方便，是供电部门在智能电网建设中的理想电能计量器具。

（一）工作原理

三相电子式多功能电能表工作时，电压、电流经采样电路分别采样后，送至放大电路缓冲放大，再由 A/D 转换器变成数字信号，送到 CPU 里进行运算处理。高速单片 CPU 使得数据传输的链条减短，从而减少了数据错误的可能，有足够的时间来精确测量电能数据，极大提高了电量及瞬时量的实时性。CPU 还用于分时计费和处理各种输入输出数据，并根据预先设定的时段完成分时有、无功电能计量和最大需量计量功能；根据需要显示各项数据、通过红外或 RS485 接口进行通信传输，并完成运行参数的监测，记录存储各种数据。其工作原理如图 4-18 所示。

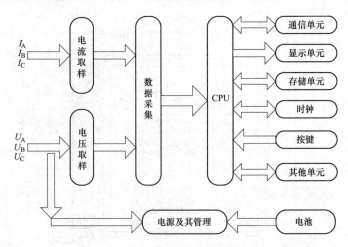

图 4-18　三相电子式多功能电能表工作原理图

三相电子式多功能电能表通常由测量部分、电源部分、显示部分、管理部分、接口部分、外壳及接线端钮几部分构成。

1. 测量部分

测量部分接收交流电压、电流信号，将其运算后得到电功率信号。电子式电能表的准确度和稳定性的主要性能就由此部件决定，它是电子式电能表的心脏，一般由模拟乘法器、数字乘法器或 A/D 数模转换加高速微处理器构成。

2. 电源部分

电源部分将输入的交流电压整流、降压、滤波后得到直流 5、12V 等电压等级的电压，供给表内各个环节的电路。电源部分非常重要，它是电子式电能表工作的动力源，一般由线性或开关稳压电路构成。常用的电源部分有工频电源、阻容电源、开关电源三种方式。

3. 显示部分

显示部分将电能量及其他信息显示出来。一般有数码管 LED（发光二极管构成）、液晶显示器 LCD 以及机械计度器三种方式。其中高档电子式电能表由于功能较多，需要显示多项数据，一般采用液晶显示器。

（二）三相电子式电能表的功能

电子式电能表与机械式电能表相比功能非常丰富，而且随着电子技术的不断发展，电子式电能表的性能不断提高，其功能也在迅速增加，实现的成本也越来越低。下面着重介绍其主要功能和部分扩展功能。

1. 计量功能

可计量并记录当前和前两个月的正向有功、反向有功、正向无功、反向无功及四象限无功的电能和最大需量。可计量视在电能，可计量 A、B、C 三相的电压、电流、有功功率、无功功率、相角和功率因数，总有功功率、总无功功率和功率因数，以及电网频率等。

2. 分时功能

内部实时时钟，具有百年时钟，闰年自动转换，可实现分时记录各个电能及最大需量。具有 12 种费率、10 个日时段、12 个日时段表、12 个时区及 12 个公共假日。此外，还具有网络对时功能。

3. 监控功能

可记录最近一次编程时间，最近一次最大需量清零时间，编程次数，最大需量清零次数，电池工作时间等数据。有逆相序及电池电压低提示。可记录 A、B、C 各相断相次数及总的断相次数，断相累计时间，最近一次断相的起始和结束时刻。可记录最近 8 次的停电及上电时刻。可记录总失压次数，失压时间累计值，最近 8 次失压故障的失压相别，起始及恢复时刻，未失压相的有功，无功总电能。可记录总失流次数，失流时间累计值，最近 8 次失流故障的失流及相别，起始及恢复时刻，未失流相的有功，无功总电能。可记录负荷代表日的 00：00～24：00h 的正反向有功无功电能。可记录当前和前两个月的电压合格率情况。可冻结并记录自动抄表日的电能数据。

4. 通信功能

具有 1 路光隔离 RS485 接口，1 路光隔离 485/232 复用接口或 1 路红外通信接口。通过通信口可完成设置编程和抄表。

5. 显示功能

可通过 LCD 显示各种参数和数据。可实现轮显，轮显的参数、时间可设置。

6. 设置功能

具有设置禁止功能和电能数据清零、需量清零功能。

7. 输出功能

具有普通发光二极管输出指示，可用于电能表校准和工作指示。具有有功及无功测试脉冲输出。RS485 输出用于连接采集器、集中器或其他智能终端。RS232 用于连接 MODEM 和主站直接通信。具有正向有功、无功，反向有功、无功远动脉冲输出。具有超负荷报警输出和故障跳闸输出。

8. 停电抄表功能

停电情况下由内部停电抄表电池供电，通过键显按钮或红外通信口进行抄表，分非接触式遥控唤醒和手动唤醒。

9. 自检功能

上电自检，检查主要芯片和 EEPROM 中电能数据的有效性、校表参数的有效性，出错信息由液晶代码指示。

10. 负荷曲线记录功能

"负荷曲线记录模式"、"负荷曲线记录起始时间"可设，根据选定的模式记录数据内容。

11. 通信协议

以 DL/T 645—2007《多功能电能通信协议》为基础，并可根据需要进行相应的扩充。

（三）安装及接线

1. 接线

三相电子式多功能电能表外形如图 4-19 所示。电能表安装在室内通风干燥的地方，确保安装使用安全、可靠。在有污秽或可能损坏电能表的场所，电能表应用保护柜保护。

三相电子式多功能电能表应按接线图正确接线，如图 4-20 所示。接线端钮盒的引入线建议使用铜线或铜接头。端钮盒内螺钉应拧紧，避免因接触不良或引线太细发热而引起烧毁。

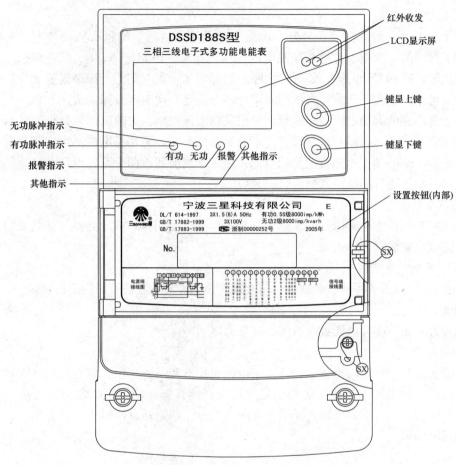

图 4-19　三相电子式多功能电能表外形图

(a)

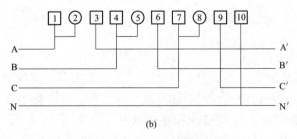

(b)

图 4-20　三相电子式多功能电能表接线图（一）

（a）功能端子接线图；（b）直接接入三相四线电能表

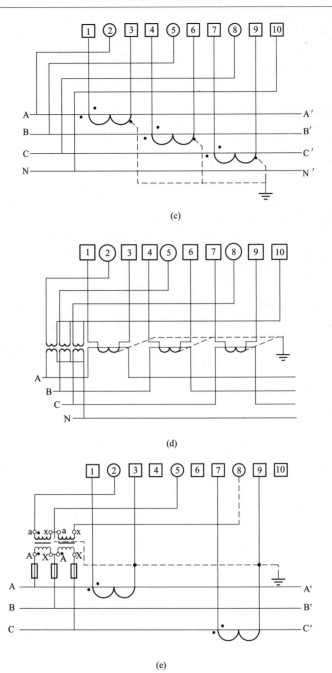

图 4-20　三相电子式多功能电能表接线图（二）

（c）带电流互感器三相四线电能表；（d）带电压、电流互感器三相四线电能表；

（e）带电压、电流互感器三相四线电能表

2. 安装检查

在电能表安装前，应检查以下各点，必要时更正：

（1）测量点上所安装的电能表（标识号）是否与相应的客户对应。

（2）所安装的电压、电流互感器是否正确。

（3）电压变压器一次额定电压是否与电网电压相符，二次额定电压是否与电能表相符。

（4）电流变压器是否与所接的负载，即与一次额定电流相符。

（5）二次电流与电能表规格相比是否留有裕量。

（6）所有动力线以及中性线必须拧紧。

（7）所有的辅助端钮接线是否拧紧。

（8）接线是否按照接线图正确连接。

电能表的调试和功能检测如下：

（1）当系统送电时，电能表显示且正确。

（2）电能表显示三相有功、无功方向以及各相有功、无功方向要正确。

（3）电能表显示的各相功率以及电流要正确。

（4）电能表显示的日期、时钟正确、费率指示要正确。

（5）如果发生逆相序，报警显示画面将显示错误信息。

（6）在逆相序时，电能表的准确度将不受影响。

（7）如果缺相，液晶相应相的符号闪烁报警。

（8）将钮端盖盖上，并加供电公司铅封；合上盖板，上盖板铅封。

第五章　电能计量装置接线实训

第一节　电能表接线注意事项

电能计量装置的接线，特别是三相电能表的接线比较复杂，尤其在计量高电压和大电流电路的电能时，由于接入了电压互感器和电流互感器，因而很容易造成错误接线的可能性。这给整个电路的电能计量造成了错误，而且还会造成不应有的经济损失。为避免错误接线，在这里特别强调电能表接线时应注意的几个地方：

（1）在电能表的下端接线盒的盖板上，制造厂出厂时都画有接线图，盒内接线端子的编号均按从左至右（1）（2）（3）…的次序排列，安装电能表时，应按此接线。

（2）电能表的电流线圈必须串联在负载电路的相线中。如有电流互感器，则电流线圈应串联接入电流互感器的二次侧回路中。而电流互感器的一次部分应串联在负载电路的相线中。

（3）电能表的电压线圈应并联接在负载电路的电压线端上，如通过电压互感器时，则电压线圈应并联接入电压互感器的二次侧。

（4）电流线圈与电压线圈必须按同相接线，不得将所属相位及相别互相接错。如三相电能表中电压 U_{ab} 应与电流 I_a 相接，电压 U_{cb} 应与电流 I_c 相接，而不能将 U_{ab} 与 I_c 及 U_{cb} 与 I_a 来相接。也不能改为 U_{ba} 与 I_a 相接，U_{bc} 与 I_c 相接。

（5）电流互感器与电压互感器的二次侧接向电能表的极性（如电流互感器一次侧的 L1、L2 与二次侧的 K1、K2 均为相对应的极性）也不能接错，否则将使电度表发生倒转或不转，造成计量错误。

第二节　单相有功电能表接线实训

项目一　单相有功电能表接线实训（一户一表）

1. 实训目的

（1）熟悉常用装表接电常用工具及仪表的正确使用（主要包括万用表、钳形电流表、单相电能表现场校验仪等）。

（2）熟悉简单电气图纸的识读方法，能够根据电能计量装置的电气原理图连接实际接线。

（3）掌握单相电能表的接线方法、安装工艺及电能计量装置的现场校验。

（4）熟悉电能表的检定方法，掌握启动和潜动的试验方法以及电能表基本误差的测定方法。

（5）学会根据测试结果分析电能表基本误差及误差产生的原因及方法。

（6）培养理论联系实际能力，提高综合知识和分析问题、解决问题的能力。

2．实训工具

剥线钳、钢丝钳、螺钉旋具、尖嘴钳、万用表、钳形表、单相电能表现场校验仪等；1只单相有功电能表、1个熔断器、1个空气开关（或隔离开关）、2个接线端子。

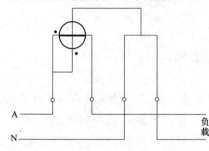

图 5-1　单相有功电能表（一户一表）接线原理图

3．实训步骤

（1）绘制该用户的电能计量装置接线原理图，如图 5-1 所示。

用于单相电路的电能计量装置一般只有单相有功电能表，这种表只有一个驱动元件（一个电流线圈和一个电压线圈）。其接线方式是：电流线圈与负载串联，电压线圈与负载并联。

（2）用万用表测量电能表电压线圈的直流电阻 $R=(\quad)\Omega$。

（3）按工艺要求进行电能计量装置的接线。

（4）记录该电能表的各项参数：名称、型号、参比电压、基本电流和额定最大电流、参比频率、电能表常数、准确度等级等。

（5）当负载为 1.2kW 时，根据该电能表的已知条件计算出每分钟应转数（　　）r/min。

（6）接通电源，记录转数，校验其计算结果是否正确。理论转速与实际转速相比较计算电能表转速误差。

（7）用万用表测量当前进线电压（　　　　）V。

（8）用单相电能表现场校验仪校验该电能表的误差，记录测量结果：误差＝（　　　）％，功率＝（　　）W，电流＝（　　）A，电压＝（　　）V。

根据测量数据，分析电能表转速误差产生的原因。

（9）关断负载后，观察电能表的潜动情况，电能表铝盘转动应不超过 1r。

【举例】

（1）绘制该用户的电能计量装置电原理图，如图 5-1 所示。

（2）用万用表测量单相有功电能表电压线圈的直流电阻 R＝（900）Ω。

（3）按工艺要求进行电能计量装置的接线。

（4）记录该电能表的各项参数：电能表名称（单相电能表）、电能表型号（DD202）、参比电压（220V）、基本电流和额定最大电流［2.5（10A）］、参比频率（50Hz）、电能表常数［1500r/（kW·h）］、准确度等级（2.0）。

（5）当负载为 0.95kW 时，根据该电表的已知条件计算出每分钟转数应为

$$n_{\circ}=\frac{CP}{t}=\frac{1500\times0.95}{60}=23.75\text{r/min}$$

（6）接通电源，记录转数，校验其计算结果是否正确。理论转速与实际转速相比较计算其误差。

接通电源，电能表转 20r 用时 46s，所以实际的转速为

$$n=26.09\text{r/min}$$

电能表转速误差为

$$\gamma = \frac{n - n_o}{n_o} \times 100\% = \frac{26.09 - 23.75}{23.75} \times 100\% = 9.85\%$$

（7）用万用表测量当前进线电压（$u = 231V$）。

（8）用单相电能表现场校验仪校验该电能表的误差，记录测量结果：误差＝（0.781％），功率＝（1015.23W），电流＝（5.00A），电压＝（230.5V）。

根据测量数据，分析转速误差产生的原因：

电压误差为

$$\gamma_u = \frac{u' - u_o}{u_o} = \frac{230.5 - 220}{220} = 4.77\% \quad （电压误差是正差）$$

功率误差为

$$\gamma_p = \frac{p' - p_o}{p_o} = \frac{1015.23 - 950}{950} = 6.87\% \quad （功率误差是正差）$$

单相电能表计度常数的误差为 0.781％，是正差。

可见，由于功率误差（正差，主要因为电源电压高于负载额定电压造成）和电能表计度常数误差（正差）造成了电能表转速误差较理论转速值偏差较大。

（9）关断负载后，观察电能表的潜动情况，电能表的转盘转动应少于 1 转。

项目二　电能表在不同负荷情况的误差曲线实验

1. 实训目的

（1）熟悉常用装表接电常用工具及仪表的正确使用。

（2）熟悉简单电气图纸的识读方法，能够根据电能计量装置的电气原理图连接实际接线。

（3）学会根据测试结果分析电能表误差及准确度等级的含义。

（4）能够根据电能表在不同负荷下的误差，绘制误差曲线，并依据误差曲线分析负荷对电能表误差的影响。

（5）培养理论联系实际能力，提高综合知识和分析问题、解决问题的能力。

2. 实训工具

剥线钳、钢丝钳、螺钉旋具、尖嘴钳、万用表、钳形表、单相电能表现场校验仪等；1只单相有功电能表、1个熔断器、1个空气开关（或隔离开关）、2个接线端子。

3. 实训步骤

步骤（1）～（4）与项目一的实训步骤（1）～（4）类同。单相有功电能表接线原理图如图 5-1 所示。

（5）接通电源，用单相有功电能表现场校验仪校检，当负载分别为 25、50、100、150、200、250、300、500、1000、1500W 时，测试单相电能表的误差并记录结果。

（6）根据测量结果，绘制功率—误差曲线。

（7）根据功率—误差曲线，分析负荷对电能表误差的影响。

项目三　两只单相有功电能表组成380V的电能计量装置

1. 实训目的

（1）掌握常用装表接电常用工具及仪表的正确使用；

（2）掌握单两个单相有功电能表组成 380V 的电能计量装置的接线方法、安装工艺，能够根据电能计量装置的电气原理图，连接实际接线；

（3）根据测量结果，分析负载的功率误差及误差产生的原因；

（4）培养理论联系实际能力，提高综合知识和分析问题、解决问题的能力。

2. 实训工具

剥线钳、钢丝钳、螺钉旋具、尖嘴钳、万用表、钳形表等；2 只单相有功电能表、1 个熔断器、1 个空气开关（或隔离开关）、2 个接线端子。

3. 实训步骤

步骤（1）～（4）与项目一的实训步骤（1）～（4）类同。该项目中电能计量装置接线原理图如图 5-2 所示。

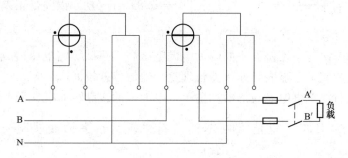

图 5-2　两只单相有功电能表组成 380V 电能计量装置接线原理图

（5）用 2 只 1.2kW（220V、1.2kW 的烤火炉）的负载串联后作为负载接入 A′ 和 B′，再接通电源，读出 2 只电能表分别每分钟的转数。

（6）根据该电能表的已知条件和每分钟的转数，计算出 2 只 1.2kW 的烤火炉（220V、1.2kW）接入 A′ 和 B′（电压为 380V）后的实际功率变为多少。

项目四　三只单相有功电能表组成三相四线电能计量装置

【相关知识】

关口表，是指把住一个关口的计量表，俗称总表。

一般来说，关口表总被安装在电源侧，就是树的根部和分岔处。例如 1 台变压器供电区域有 N 户人家，每一户人有 1 只电能表，用于记录每户人使用的电量，而供电的变压器则装有 1 只总表，用于记录整台变压器供电区域的总电量，这只总表就称为关口表。往上查，变电站对每条线路也有 1 只电能表，记录整条线的电量（1 条线路供电区域有 N 台变压器），相对于变压器的电能表来说，它也是关口表。

关口表的主要作用：①记录总的输出电量；②利用记录的总量与到户表的合计电量计算损耗。

1. 实训目的

（1）了解关口表的作用和意义。

（2）掌握三只单相有功电能表组成三相四线电能计量装置的接线方法、安装工艺，能够根据电能计量装置的电气原理图连接实际接线。

（3）学会相序表的使用方法，能够正确的判断相序。

（4）根据测量结果，分析负载的功率误差及误差产生的原因。

（5）培养理论联系实际能力，提高综合知识和分析问题、解决问题的能力。

2. 实训工具

剥线钳、钢丝钳、螺钉旋具、尖嘴钳、万用表、钳形表、相序表等；3 只单相有功电能表、3 个熔断器、1 个空气开关（或隔离开关）、2 个接线端子。

3. 实训步骤

步骤（1）～（4）与项目一的实训步骤（1）～（4）类同。该该项目中电能计量装置的接线原理图如图 5-3 所示。

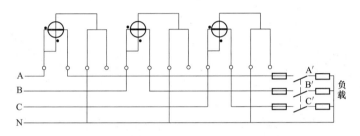

图 5-3　三只单相有功电能表组成三相四线电能计量装置接线原理图

（5）用相序表判断电源的顺相序。

（6）用 3 只 1.2kW（220V、1.2kW 的烤火炉）作为负载接入 A′N、B′N、C′N，再接通电源，读出 3 只电能表分别每分钟的转数。

（7）根据该电能表的已知条件和每分钟的转数，计算出用 3 只 1.2kW 烤炉（220V 1.2kW 的烤火炉）的实际功率。

项目五　带电流互感器的单相有功电能表接线实训

我国单相电能表的额定电压为交流 220V，目前额定电流最大可达 80A。如果电流大于 80A，可采用加装电流互感器，将大电流变为小电流再接进单相电能表。

1. 实训目的

（1）了解电流互感器的工作原理，掌握电流互感器的接线方式。

（2）掌握带电流互感器的单相有功电能表的接线方法、安装工艺，能够根据电能计量装置电气原理图连接实际接线。

（3）根据测量和计算结果，分析转速误差及误差产生的原因。

（4）培养理论联系实际能力，提高综合知识和分析问题、解决问题的能力。

2. 实训工具

剥线钳、钢丝钳、螺钉旋具、尖嘴钳、万用表、钳形表等；1 只单相有功电能表、1 只互感器、1 个熔断器、1 个空气开关（或隔离开关）、2 个接线端子。

3. 实训步骤

步骤（1）～（4）与项目一的实训步骤（1）～（4）类同。该项目中电能计量装置接线原理图如图 5-4 所示。

注　意

通常单相电能表中，电压线圈和电流线圈是通过连接片连接后，使用同一个出线孔接线，因此一般的单相电能表不能实现图 5-4（a）所示的接线方式。因为在低电压的情况下，允许电流互感器的二次侧不接地，因此一般采用如图 5-4（b）所示的安装方式。

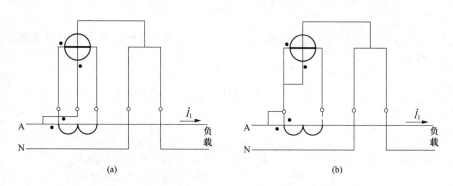

图 5-4　带电流互感器的单相有功电能表接线原理图

（5）记录互感器的各项参数，包括型号、编号、技术参数。

（6）计算当负载为 2.4kW 的时候，根据该电表和互感器的已知条件计算出每分钟应转数。

（7）接通电源，校验其计算结果是否正确。

项目六　两只单相有功电能表带电流互感器
组成 380V 的电能计量装置

1. 实训目的

（1）了解电流互感器的工作原理，掌握电流互感器的接线方式。

（2）掌握带电流互感器的两只单相有功电能表组成 380V 的电能计量装置的接线方法、安装工艺，能够根据电气原理图连接实际接线。

（3）根据测量和计算结果，分析转速误差及误差产生的原因。

（4）培养理论联系实际能力，提高综合知识和分析问题、解决问题的能力。

2. 实训工具

剥线钳、钢丝钳、螺钉旋具、尖嘴钳、万用表、钳形表等；2 只单相有功电能表、2 只电流互感器、2 个熔断器、1 个空气开关（或隔离开关）、2 个接线端子。

3. 实训步骤

步骤（1）～（4）与项目一的实训步骤（1）～（4）类同。该项目中电能计量装置接线原理图如图 5-5 所示。

（1）记录互感器的各项参数，包括型号、编号、技术参数。

（2）用 2 只 1.2kW（220V、1.2kW 的烤火炉）的负载串联后作为负载接入 A' 和 C'，再接通电源，分别读出 2 只电能表每分钟的转数。

（3）根据该电能表的已知条件和每分钟的转数，计算出 2 只 1.2kW 烤火炉（220V、1.2kW）接入 A' 和 C'（电压为 380V）后的实际功率。

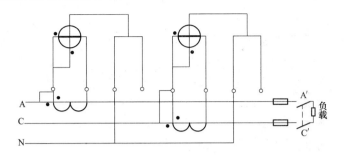

图 5-5　两只单相有功电能表带电流互感器组成 380V 的电能计量装置接线原理图

第三节　三相三线电能表接线实训

【相关知识】

有功电能表用于计量有功电能，无功电能表用于计量无功电能。

有功功率是保持用电设备正常运行所需的电功率，也就是将电能转换为其他形式能量（机械能、光能、热能）的电功率。比如，5.5kW 的电动机就是把 5.5kW 的电能转换为机械能，带动水泵抽水或脱粒机脱粒；各种照明设备将电能转换为光能，供人们生活和工作照明。有功功率的符号用 P 表示，单位有 W（瓦）、kW（千瓦）、MW（兆瓦）。

无功功率用于电路内电场与磁场的交换，并用来在电气设备中建立和维持磁场的电功率。它不对外做功，而是转变为其他形式的能量。凡是有电磁线圈的电气设备，要建立磁场，就要消耗无功功率。比如 40W 的日光灯，除需约 40W 有功功率（镇流器也需消耗一部分有功功率）来发光外，还需 80kvar 左右的无功功率供镇流器的线圈建立交变磁场用。由于它不对外做功，才被称之为"无功"。无功功率的符号用 Q 表示，单位为 var（乏）或 kvar（千乏）。

在正常情况下，用电设备不但要从电源取得有功功率，同时还需要从电源取得无功功率。如果电网中的无功功率供不应求，用电设备就没有足够的无功功率来建立正常的电磁场。那么，这些用电设备就不能维持在额定情况下工作，用电设备的端电压就要下降，从而影响用电设备的正常运行。

无功功率对供、用电产生一定的不良影响，主要表现在：

（1）降低发电机有功功率的输出。

（2）降低输、变电设备的供电能力。

（3）造成线路电压损失增大和电能损耗的增加。

（4）造成低功率因数运行和电压下降，使用电设备容量得不到充分发挥。

从发电机和高压输电线供给的无功功率，远远满足不了负荷的需要，所以在电网中要设置一些无功补偿装置来补充无功功率，以保证用户对无功功率的需要，这样用电设备才能在额定电压下工作。这就是电网需要装设无功补偿装置的原因。

电网中的电力负荷如电动机、变压器等，属于既有电阻又有电感的阻感性负载。阻感性负载的电压和电流的相量间存在着一个相位差，通常用相位角 φ 的余弦 $\cos\varphi$ 来表示。$\cos\varphi$ 称为功率因数。功率因数是反映电力用户用电设备合理使用状况、电能利用程度和用电管理水平的一项重要指标。

三相功率因数的计算公式为

$$\cos\varphi = \frac{P}{S} = \frac{P}{\sqrt{P^2 + Q^2}}$$

式中　$\cos\varphi$——功率因数；

　　　　P——有功功率，kW；

　　　　Q——无功功率，kvar；

　　　　S——视在功率，kV·A。

功率因数分为自然功率因数、瞬时功率因数和加权平均功率因数。提高功率因数的方法有两种：一种是改善自然功率因数，另一种是安装人工补偿装置。

无功功率过高的影响：

（1）无功功率过高会导致电流增大和视在功率增加，导致系统容量下降；

（2）无功功率增加，会使总电流增加，从而使设备和线路的损耗增加；

（3）使线路的压降增大，冲击性无功负载还会使电压剧烈波动。

为了使输电网络运行在指定的电压范围内，增加或减少无功功率，即所谓的无功功率补偿及控制，这在电力系统运行与控制中是必须的。

在电网的运行中，功率因数反映了电源输出的视在功率被有效利用的程度，功率因数越大越好。这样电路中的无功功率可以降到最小，视在功率将大部分用来供给有功功率，从而提高电能输送的功率。

项目一　三相三线有功电能表接线实训

1. 实训目的

（1）了解三相三线有功电能表的工作原理。

（2）掌握三相三线有功电能表的接线方法、安装工艺，能够根据电气原理图连接实际接线。

（3）能够正确的使用相序表判断电源顺相序。

（4）根据测量结果，分析计算负载的有功功率。

（5）培养理论联系实际能力，提高综合知识和分析问题、解决问题的能力。

2. 实训工具

剥线钳、钢丝钳、螺钉旋具、尖嘴钳、万用表、钳形表、相序表等；1只三相三线有功电能表、3个熔断器、1个空气开关（或隔离开关）、2个接线端子。

3. 实训步骤

步骤（1）～（4）与本章第二节项目一的实训步骤（1）～（4）类同。三相三线有功电能的接线原理图如图 5-6 所示。

注：图 5-6（a）所示为老式的三相三线有功电能表的接线，目前一般使用的是图 5-6（b）所示的三相三线有功电能表的接线方式。

（5）用相序表判断电源的顺相序。

（6）用 1 只 4kW 的异步电机作为负载接入 A′、B′、C′，再接通电源，读出电能表每分钟的转数。

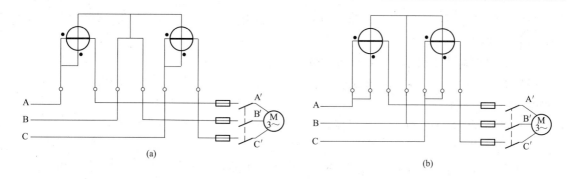

图 5-6　三相三线有功电能表的接线原理图

（7）根据该电能表的已知条件和每分钟的转数，计算出 4kW 的异步电机的空载有功功率。

项目二　带电流互感器的三相三线有功电能表接线实训

1. 实训目的

（1）了解三相三线有功电能表和电流互感器的工作原理。

（2）掌握电流互感器的三相三线有功电能表的接线方法、安装工艺，能够根据电气原理图连接实际接线。

（3）能够正确的使用相序表判断电源顺相序。

（4）能够根据测量结果，分析计算负载的功率。

（5）培养理论联系实际能力，提高综合知识和分析问题、解决问题的能力。

2. 实训工具

剥线钳、钢丝钳、螺钉旋具、尖嘴钳、万用表、钳形表、相序表等；1 只三相三线有功电能表、2 个电流互感器、3 个熔断器、1 个空气开关（或隔离开关）、2 个接线端子。

3. 实训步骤

步骤（1）～（4）与本章第二节项目一的实训步骤（1）～（4）类同。带电流互感器的三相三线有功电能表接线原理图如图 5-7 所示。

（5）记录电流互感器的各项参数，包括型号、编号、技术参数。

（6）用相序表判断电源的顺相序。

（7）用 3 个 1.2kW 的烤火炉星形连接后和 1 只 4kW 的异步电机作为负载接入 A′、B′、C′，再接通电源，读出电能表每分钟的转数。

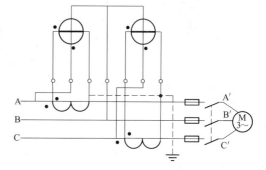

图 5-7　带电流互感器的三相三线有功电能表
接线原理图

（8）根据该电能表的已知条件和互感器的倍率和每分钟的转数，计算出 4kW 的异步电机的空载有功功率。

项目三　三相三线有功、无功电能表接线实训

1. 实训目的

（1）正确理解有功功率、无功功率、视在功率以及功率因数的含义和相互之间的关系。

（2）掌握三相三线有功电能表和无功电能表的接线方法、安装工艺，能够根据电气原理图连接实际接线。

（3）能够正确的使用相序表判断电源的顺相序。

（4）能够根据测量结果和已知条件，分析计算负载的有功功率、无功功率、视在功率以及功率因数。

（5）培养理论联系实际能力，提高综合知识和分析问题、解决问题的能力。

2．实训工具

剥线钳、钢丝钳、螺钉旋具、尖嘴钳、万用表、钳形表、相序表等；1只三相三线有功电能表、1只三相三线无功电能表、3个熔断器、1个空气开关（或隔离开关）、2个接线端子。

3．实训步骤

（1）绘制电能计量装置接线原理图，如图5-8所示。

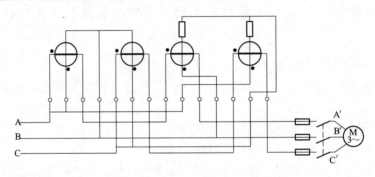

图 5-8　三相三线有功、无功电能表接线原理图

（2）用万用表分别测量三相三线有功电能表电压线圈的直流电阻和三相三线无功电能表电压线圈的直流电阻。

（3）分别记录三相三线有功电能表和三相三线无功电能表的各项参数：电能表名称、电能表型号、参比电压、基本电流和额定最大电流、参比频率、电能表常数、准确度等级。

（4）按工艺要求进行电能计量装置的接线。

（5）用相序表判断电源的顺相序。

（6）用1只4kW的异步电机作为负载接入 A′、B′、C′，再接通电源，分别读出有功电能表和无功电能表每分钟的转数。

（7）根据该电能表的已知条件和每分钟的转数，分别计算出4kW的异步电机的空载有功功率和空载无功功率。

（8）根据已算出的空载有功功率和空载无功功率作为已知条件，再算出功率因数。

【举例】

（1）绘制该用户的电能计量装置接线原理图，如图5-8所示。

（2）用万用表分别测量三相三线有功电能表电压线圈的直流电阻和三相三线无功电能表电压线圈的直流电阻。$R_{PAB}=1.7k\Omega$，$R_{PBC}=1.6k\Omega$；$R_{QBC}=1.7k\Omega$，$R_{QAC}=11.2k\Omega$。

（3）三相三线有功电能表的型号为 DS86-2 型，编号为 2005-962511；技术参数：$3\times380V$、3×3（6）A、50Hz、500r/（kW·h）。

三相三线无功电能表的型号为 DX867-2 型，编号为 2005-962567；技术参数：$3\times380V$、

3×3 (6) A、50Hz、500r/(kvar·h)。

(4) 按工艺要求进行电能计量装置的接线。

(5) 用相序表判断电源 A、B、C 的顺相序。

(6) 用 1 只 4kW 的异步电机作为负载接入 A′、B′、C′，再接通电源，分别读出有功电能表和无功电能表每分钟的转数，即 $n_P = 3.2 \text{r/min}$，$n_Q = 30.1 \text{r/min}$。

(7) 根据该电能表的已知条件和每分钟的转数，分别计算出 4kW 的异步电机的空载有功功率和空载无功功率为

$$P = \frac{n_P t}{C} = \frac{3.2 \times 60}{500} = 0.38(\text{kW}), \quad Q = \frac{n_Q t}{C} = \frac{30.1 \times 60}{500} = 3.61(\text{kvar})$$

(8) 根据已算出的空载有功功率和空载无功功率作为已知条件，得出功率因数为

$$\cos\varphi = \frac{P}{S} = \frac{P}{\sqrt{P^2 + Q^2}} = \frac{0.38}{\sqrt{0.38^2 + 3.64^2}} = 0.11$$

项目四 带电流互感器的三相三线有功、无功电能表接线实训

1. 实训目的

与本章第三节项目三的实训目的类同。

2. 实训工具

与本章第三节项目三的实训工具类同。

3. 实训步骤

步骤 (1)～(3) 与本章第三节项目三实训步骤 (1)～(3) 类同。带电流互感器的三相三线有功、无功电能表接线原理图如图 5-9 所示。

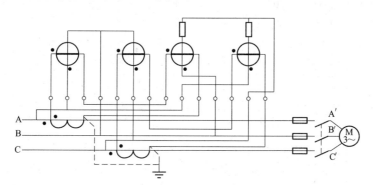

图 5-9 带电流互感器的三相三线有功、无功电能表接线原理图

(4) 记录电流互感器的型号、编号和技术参数。

(5) 按工艺要求进行电能计量装置的接线。

(6) 用相序表判断电源的顺相序。

(7) 用 3 个 1.2kW 的烤火炉星形连接后和 1 只 4kW 的异步电机作为负载接入 A′、B′、C′，再接通电源，分别读出有功电能表和无功电能表每分钟的转数。

(8) 根据该电能表的已知条件和互感器的倍率和每分钟的转数，计算出 4kW 的异步电机的空载有功功率和无功功率。

(9) 根据已算出的空载有功功率和空载无功功率作为已知条件，再算出功率因数。

项目五　线路功率因数检测和补偿装置

【相关知识】

无功功率补偿，简称无功补偿，在电子供电系统中起提高电网的功率因数的作用，从而降低供电变压器及输送线路的损耗，提高供电效率，改善供电环境。所以无功功率补偿装置在电力供电系统中处在一个不可缺少的非常重要的位置。合理的选择补偿装置，可以做到最大限度地减少网络的损耗，使电网质量提高。反之，如选择或使用不当，可能造成供电系统电压波动、谐波增大等诸多问题。

交流电在通过纯电阻的时候，电能都转换为热能；而在通过纯容性或者纯感性负载的时候，并不做功，也就是说没有消耗电能，即为无功功率。当然实际负载，不可能为纯容性负载或者纯感性负载，一般都是混合性负载，这样电流在通过它们的时候，就有部分电能不做功，就是无功功率。此时的功率因数小于1，为了提高电能的利用率，就要进行无功补偿。

在大系统中，无功补偿还用于调整电网的电压，提高电网的稳定性。在小系统中，通过恰当的无功补偿方法还可以调整三相不平衡电流。在相与相之间跨接的电感或者电容可以在相间转移有功电流。对于三相电流不平衡的系统，只要恰当的在各相与相之间以及各相与中性线之间接入不同容量的电容器，不但可以将各相的功率因数均补偿至接近1，而且可以使各相的有功电流达到平衡状态。

(1) 无功补偿的基本原理。电网输出的功率包括两部分：一是有功功率，直接消耗电能，将电能转变为机械能、热能、化学能或声能，利用这些能做功，这部分功率称为有功功率；二是无功功率，不消耗电能，只是把电能转换为另一种形式的能，这种能作为电气设备能够作功的必备条件，并且在电网中与电能进行周期性转换，这部分功率称为无功功率，如电磁元件建立磁场占用的电能，电容器建立电场所占的电能。电流在电感元件中做功时，电流滞后于电压 90℃；而电流在电容元件中做功时，电流超前电压 90℃。在同一电路中，电感电流与电容电流方向相反，互差 180℃。如果在电磁元件电路中有比例地安装电容元件，可以使两者的电流相互抵消，使电流的矢量与电压矢量之间的夹角缩小。

所以在电源向负载供电时，感性负载向外释放的能量由并联电容器将能量储存起来；当感性负载需要能量时，再由电容将能量释放出来。这样感性负载所需要的无功功率可就地解决，减少负载与电源间能量交换的规模，减少损耗。

(2) 无功补偿的具体实现方式。具有容性功率负荷的装置与感性功率负荷并联接在同一电路，当容性负荷释放能量时，感性负荷吸收能量；而感性负荷释放能量时，容性负荷却在吸收能量，能量在两种负荷之间互相交换。这样，感性负荷所需要的无功功率可由容性负荷输出的无功功率补偿。

(3) 无功补偿的意义。

1) 补偿无功功率，可以增加电网中有功功率的比例常数。

2) 减少发、供电设备的设计容量，减少投资，例如当功率因数 $\cos\varphi = 0.8$ 增加到 $\cos\varphi = 0.95$ 时，装 1kvar 电容器可节省设备容量 0.52kW；反之，增加 0.52kW 对原有设备而言，相当于增大了发、供电设备容量。因此，对新建、改建工程，应充分考虑无功补偿，便可以减少设计容量，从而减少投资。

3）降低线损，提高功率因数后，线损率下降，减少设计容量、减少投资，增加电网中有功功率的输送比例，以及降低线损都直接决定和影响着供电企业的经济效益。所以，功率因数是考核经济效益的重要指标，规划、实施无功补偿势在必行。

（4）电网中常用的无功补偿方式。

1）集中补偿：在高低压配电线路中安装并联电容器组；

2）分组补偿：在配电变压器低压侧和用户车间配电屏安装并联补偿电容器；

3）单台电动机就地补偿：在单台电动机处安装并联电容器等。

加装无功补偿设备，不仅可使功率消耗小，功率因数提高，还可以充分挖掘设备输送功率的潜力。

就三种补偿方式而言，无功就地补偿克服了集中补偿和分组补偿的缺点，是一种较为完善的补偿方式。其优点是：

1）因电容器与电动机直接并联，同时投入或停用，可使无功不倒流，保证用户功率因数始终处于滞后状态，既有利于用户，也有利于电网。

2）有利于降低电动机起动电流，减少接触器的火花，提高控制电器工作的可靠性，延长电动机与控制设备的使用寿命。

（5）确定无功补偿容量时的注意事项。

1）在轻负荷时要避免过补偿，倒送无功造成功率损耗增加，也是不经济的。

2）功率因数越高，每千伏补偿容量减少损耗的作用将变小，通常情况下将功率因数提高到 0.95 就是合理补偿。

1. 实训目的

（1）正确理解有功功率、无功功率、视在功率以及功率因数的含义和相互之间的关系。

（2）理解无功补偿的基本原理、补偿方式、意义及补偿注意事项。

（3）培养学员理论联系实际，提高综合知识和分析问题、解决问题的能力。

2. 实训工具

剥线钳、钢丝钳、螺钉旋具、尖嘴钳、万用表、钳形表、相序表等；1 只功率表、1 只功率因数表、2 个电流互感器、补偿电容、3 个空气开关、2 个接线端子。

3. 实训步骤

（1）绘制线路功率因数检测和补偿装置接线图原理图。采用图 5-10 所示电路模拟电网中的无功补偿装置，用功率表和功率因数表检测电路的有功功率和功率因数，根据功率因数表的示数值，决定是否需要无功补偿（并联电容），以及无功补偿的容量。

（2）在三相三线有功、无功电能表接线装置中，将 1 只 4kW 的异步电机作为负载接入 A′、B′、C′ 时，记录和分析有功功率、无功功率和功率因数；再将 3 个 500W 碘钨灯星形连接后作为负载接到 4kW 的异步电机，计算有功功率、无功功率和功率因数。

（3）将线路功率因数检测和补偿装置接入三相三线有功、无功电能表安装的电路中，接通电源，当负载只是 4kW 的三相电机时，记录此时的功率表读数（有功功率）和功率因数（$\cos\varphi$）表读数。

（4）再将 3 个 1.2kW 的纯电阻负载星形连接后和 4kW 的三相电机一同并接到三相电源作为负载，接通电源，记录此时功率表读数和功率因数表的读数。

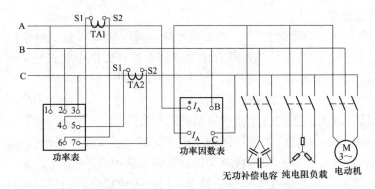

图 5-10 线路功率因数检测和补偿装置接线原理图

(5) 如果功率因数表读数滞后且偏小，需要并联无功补偿装置，观察并联电容后，功率表和功率因数表的读数变化并记录。

(6) 分析负载变化对有功功率、无功功率和功率因数的影响；分析无功补偿后，有功功率、无功功率和功率因数的变化。

第四节　三相四线电能表接线实训

项目一　三相四线有功电能表接线实训

1. 实训目的

(1) 了解三相四线电能表作为关口表的意义和作用。

(2) 掌握三相四线有功电能表的接线方法、安装工艺，能够根据电气原理图连接实际接线。

(3) 能够正确的使用相序表判断电源顺相序。

(4) 能够根据测量结果和已知条件，分析计算负载的功率。

(5) 培养学员理论联系实际，提高综合知识和分析问题、解决问题的能力。

2. 实训工具

剥线钳、钢丝钳、螺钉旋具、尖嘴钳、万用表、钳形表、相序表等；1 只三相四线有功电能表、3 个熔断器、1 个空气开关（或隔离开关）、2 个接线端子。

3. 实训步骤

(1) 绘制该用户的电能计量装置接线原理图。三相四线电路供电，将负载平均分配到三相，三相四线电能表采用直接接入式，如图 5-11 所示。

(2) 用万用表测量三相四线有功电能表电压线圈的直流电阻。

(3) 记录该电能表的各项参数：电能表名称、电能表型号、参比电压、基本电流和额定最大电流、参比频率、电能表常数、准确度等级。

(4) 按工艺要求进行电能计量装置的接线。

(5) 用相序表判断电源的顺相序。

(6) 用 3 只 1.2kW（220V、1.2kW 的烤火炉）作为负载接入 A′N、B′N、C′N，再接通电源，读出电能表每分钟的转数。

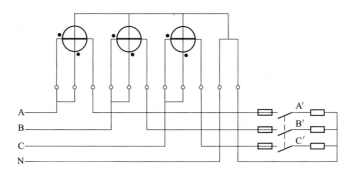

图 5-11　三相四线有功电能表接线原理图

（7）根据该电能表的已知条件和每分钟的转数，计算出 3 只 1.2kW（220V、1.2kW 的烤火炉）的实际功率。

项目二　三相四线有功、无功电能表接线实训

1. 实训目的

与本章项目一的实训目的类同。

2. 实训工具

与本章项目一的实训工具类同。

3. 实训步骤

（1）绘制电能计量装置接线原理图。三相四线电路供电，将负载平均分配到三相，三相四线电能表采用直接接入式，如图 5-12 所示。

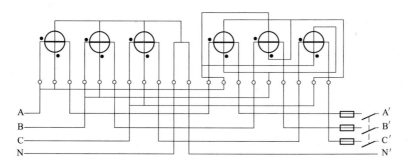

图 5-12　三相四线有功、无功电能表接线原理图

（2）用万用表分别测量三相四线有功、无功电能表电压线圈的直流电阻。

（3）分别记录三相四线有功、无功电能表的型号、编号和技术参数，以三相四线无功电能表的型号、编号和技术参数。

（4）按工艺要求进行电能计量装置的接线。

（5）用相序表判断电源的顺相序。

（6）用 1 只 4kW 的异步电机作为负载接入 A′、B′、C′，同时再用 1 只 1.2kW（220V、1.2kW 的烤火炉）接 A′N′，接通电源，分别读出有功电能表和无功电能表每分钟的转数。

（7）根据该电能表的已知条件和每分钟的转数，计算出负载的有功功率和无功功率和功率因数。

项目三　带电流互感器的三相四线有功、无功电能表接线实训

1. 实训目的

与本章项目一的实训目的类同。

2. 实训工具

与本章项目一的实训工具类同。

3. 实训步骤

步骤（1）～（3）与本章项目二（三相四线有功、无功电能表接线实训）的实训步骤（1）～（3）类同。带电流互感器的三相四线有功、无功电能表接线原理图如图 5-13 所示。

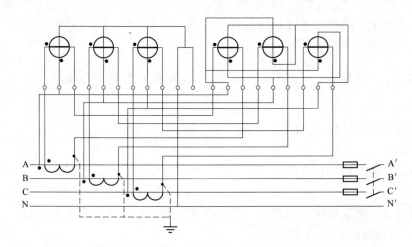

图 5-13　带电流互感器的三相四线有功、无功电能表接线原理图

（4）记录电流互感器的型号、编号和技术参数。

（5）按工艺要求进行电能计量装置的接线。

（6）用相序表判断电源的顺相序。

（7）用 3 个 1.2kW 的烤火炉星形连接后和 1 只 4kW 的异步电机作为负载接入 A′、B′、C′，接通电源，分别读出有功电能表和无功电能表每分钟的转数。

（8）根据该电能表的已知条件以及每分钟的转数和互感器的倍率，计算出负载的有功功率和无功功率和功率因数。

第五节　试验接线盒接线实训

【相关知识】

试验接线盒在电力行业的应用十分广泛，利用它能够将仪表或仪器接入运行中的二次回路中，完成多种不同项目的测试或检验。在电能计量方面，试验接线盒主要应用于计量装置误差及接线状况的在线测量，进行用电检查、带负荷更换电能表等。

1. 试验接线盒安装

正确安装接线盒的七点要求：①不准倒装；②不可倾斜大于 1°；③电流不准直通；④电压不准短路；⑤电压不可开路；⑥电流不准开路；⑦电流不可短路。

　　根据有关规定要求，试验接线盒应安装在电能计量柜（包括计量盘、电能表屏）的内部，安装尺寸没有具体规定，一般安装在电能表位置的正下方，与电能表底部的距离为100～200mm，以方便电能表及试验接线盒的二次接线和不影响现场检测或用电检查时的安全操作为原则。因试验接线盒依附电能表的安装位置，电能表的安装尺寸明确了，试验接线盒的安装位置也就随之确定。对电能表的安装尺寸要求如下：电能表宜安装在0.8～1.8m的高度处（电能表水平线距地面尺寸）；电能表与柜（盘、屏）边的最小距离应大于40mm；电能表中心线向各方向的倾斜不大于1°。

　　2. 试验接线盒的接线端子排列原则

　　试验接线盒的接线端子排列原则：自上至下或自左至右。如图5-14从左边起：一、二格为A相所设；三、四格为B相所设；五、六格为C相所设；第七格为电压中性点，连接的中性线应接地。1b、4b、7b、10b为电压连接端子，运行时接通；2b、3b、5b、6b、8b、9b为电流连接端子，运行时2b、5b、8b接通，3b、6b、9b断开。

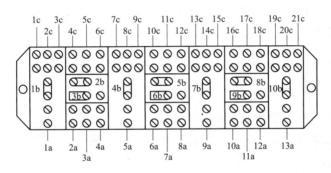

图5-14　试验接线盒

　　3. 试验接线盒的接线

　　试验接线盒若为水平放置时，其下端接线由电压、电流互感器二次侧接入（低压电压线由电流互感器一次侧接入），上端接线至电能表侧，其中试验接线盒的电压连接片（可移动）向上为电能表接通电压，向下为断开。试验接线盒若为垂直放置时，其左端接线由电压、电流互感器二次侧接入（低压电压线由电流互感器一次侧接入），右端接线至电能表侧，电压连接片向右为电能表接通电压，向左为断开。

　　以A相为例，左边一格为电压接线盒，其中间的连接片可以方便地接通和断开A相电压二次线。当连接片接通时，上端三个接线孔1c、2c、3c都与下端进线孔1a同电位，可分别接向电能表的各A相电位进线端。

　　右边为电流接线盒，其中每个竖行各螺钉间分别连通，中间的两个短路片，上短路片2b为动断状态，平常接通左边两竖行（当用2a和5c两端串进现场校验仪后，右移该短路片，断开左边两竖行的直接接通）；下短路片为动合状态（更换电能表之前，要先右移该短路片直接短接右边两竖行，从而短接TA，保证更换电能表时TA不开路）。

　　4. 试验接线盒使用注意事项

　　（1）试验接线盒要在安装完毕投入运行前，进行二次线路的核对，同时检查接线螺钉、连接片是否紧固可靠，以防因松动或位移造成端子发热或短路而影响电能计量准确性。

　　（2）现场检验、检查计量装置或更换电能表时，试验接线盒中需要断开、短接的端子必须准确无误。因带电操作，要仔细小心，遵守执行《电业安全工作规程》中的相关规定。

（3）通过试验接线盒外接仪表仪器时，注意接线正确，分清电压相序，防止短路，理顺电流回路的进出线，不得开路。

（4）更换电能表时，要准确记录更换时间（从断开电压端子接线或短接电流回路开始，到更换后的电能表恢复正常运行止），依此计算并补收因电能表停止运行所影响的电量。

（5）采用现场检查的方法判断计量装置运行不正常的，应使用检验仪器（因仪器的准确度高一些）再次对该计量装置进行检验，以确认检查的结果。

（6）现场检查或检验中发现计量装置运行异常时，应会同用户一起确认事实，共同分析原因，查出故障点，依据《供电营业规则》的相关规定进行电量的退补，同时做好防范类似故障的措施。对因窃电造成计量装置运行异常的，应启动窃电处理程序。

（7）试验接线盒使用完毕，核查其接线是否恢复到正常运行状态，要对试验接线盒的盖板加封，并清理工作现场。

项目一　三个单相表组成的三相四线电能计量装置

1. 实训目的

（1）熟悉接线盒的接线原则和要求。

（2）掌握单相电能表通过接线盒接线的接线方法、安装工艺，能够根据电气原理图连接实际接线。

（3）能够根据测量结果和已知条件，分析计算负载功率。

（4）能够在不断电的情况下正确的更换电能表。

2. 实训工具

剥线钳、钢丝钳、螺钉旋具、尖嘴钳、万用表、钳形表、相序表等；3个单相有功电能表、1个 pj1-2 型电能计量联合接线盒、3个熔断器、1个空气开关（或隔离开关）、2个接线端子。

3. 实训步骤

（1）绘制该用户的电能计量装置接线原理图，如图 5-15 所示。

（2）用万用表分别测量 3 只单相有功电能表电压线圈的直流电阻。

（3）按工艺要求进行电能计量装置的接线。

（4）分别记录电能表的型号、编号和技术参数。

（5）用相序表判断电源的顺相序。

（6）用 3 只 1.2kW（220V、1.2kW 的烤火炉）作为负载接入 $A'N'$、$B'N'$、$C'N'$，再接通电源，分别读出 3 只电能表每分钟的转数。

（7）根据该电能表的已知条件和每分钟的转数，计算出用 3 只 1.2kW（220V　1.2kW 的烤火炉）的功率。

（8）在不断电的情况下正确的更换电能表，且操作规范正确。

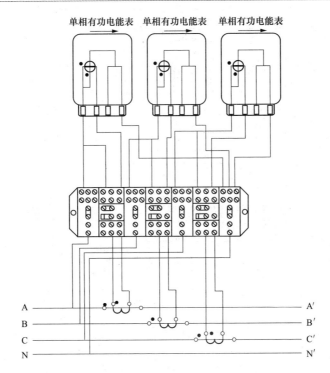

图 5-15　低压分相计量有功电能，经电流互感器接入式分相接线方式接线原理图

项目二　三相三线有功、无功电能表带电压、电流互感器的计量装置

1. 实训目的

（1）熟悉接线盒的接线原则和要求；

（2）了解电流互感器和电压互感器的工作原理和接线方法；

（3）掌握带电流、电压互感器的三相四线有功、无功电能表通过接线盒接线的接线方法、安装工艺，能够根据电气原理图连接实际接线；

（4）能够根据测量结果和已知条件，分析计算负载功率；

（5）能够在不断电的情况下正确的更换电能表。

2. 实训工具

剥线钳、钢丝钳、螺钉旋具、尖嘴钳、万用表、钳形表、相序表等；1 只三相三线有功电能表、1 只三相三线无功电能表、2 个电流互感器、1 个电压互感器、1 个 pj1-2 型电能计量联合接线盒、3 个熔断器、1 个空气开关（或隔离开关）、2 个接线端子。

3. 实训步骤

（1）绘制该用户的电能计量装置接线原理图，如图 5-16 所示。

（2）用万用表分别测量三相三线有功电能表电压线圈的直流电阻和三相三线无功电能表电压线圈的直流电阻。

（3）分别记录三相三线有功、无功电能表的型号、编号和技术参数。

（4）记录电流、电压互感器的型号、编号和技术参数。

（5）按工艺要求进行电能计量装置的接线。

（6）用相序表判断电源的顺相序。

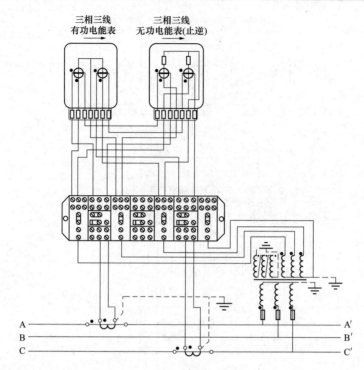

图 5-16　3～10kW 计量有功及感性无功电能的电流分相接线方式接线原理图

（7）用 3 个 1.2kW 的烤火炉星形连接后和 1 只 4kW 的异步电机作为负载接入 A′、B′、C′，再接通电源，分别读出有功电能表和无功电能表每分钟的转数。

（8）根据该电能表的已知条件和互感器的倍率和每分钟的转数，计算出 4kW 的异步电机的空载有功功率和无功功率。

（9）根据已算出的空载有功功率和空载无功功率作为已知条件，再算出功率因数。

（10）在不断电的情况下正确的更换电能表，且操作规范正确。

<h2 style="text-align:center">项目三　三相四线有功电能表带电流互感器的计量装置</h2>

1. 实训目的

（1）熟悉接线盒的接线原则和要求。

（2）了解电流互感器的工作原理和接线方法。

（3）掌握带电流互感器的三相四线有功电能表通过接线盒接线的接线方法、安装工艺，能够根据电气原理图连接实际接线。

（4）能够根据测量结果和已知条件，分析计算负载功率。

（5）能够在不断电的情况下正确的更换电能表。

2. 实训工具

剥线钳、钢丝钳、螺钉旋具、尖嘴钳、万用表、钳形表、相序表等；1 只三相四线有功电能表、3 个电流互感器、1 个 pj1-2 型电能计量联合接线盒、3 个熔断器、1 个空气开关（或隔离开关）、2 个接线端子。

3. 实训步骤

（1）绘制该用户的电能计量装置原理接线图，如图 5-17 所示。

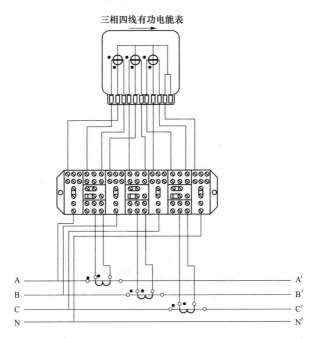

图 5-17　低压计量有功电能经电流互感器接入式分相接线方式接线原理图

（2）用万用表分别测量三相四线有功电能表电压线圈的直流电阻。

（3）按工艺要求进行电能计量装置的接线。

（4）记录三相四线有功电能表的型号、编号和技术参数。

（5）用相序表判断电源的顺相序。

（6）用 3 只 1.2kW（220V、1.2kW 的烤火炉）作为负载接入 A'N、B'N、C'N，再接通电源，读出电能表每分钟的转数。

（7）根据该电能表的已知条件和每分钟的转数，计算出用 3 只 1.2kW（220V、1.2kW 的烤火炉）的功率。

（8）在不断电的情况下正确的更换电能表，且操作规范正确。

项目四　三相四线有功、无功电能表带电流互感器的计量装置

1. 实训目的

（1）掌握带电流互感器的三相四线有功电能表和无功电能表通过接线盒接线的接线方法、安装工艺，能够根据电气原理图连接实际接线。

（2）能够正确的使用相序表判断电源顺相序。

（3）能够根据测量结果和已知条件，分析计算负载的有功功率、无功功率、视在功率以及功率因数。

（4）能够在不断电的情况下正确的更换电能表。

2. 实训工具

剥线钳、钢丝钳、螺钉旋具、尖嘴钳、万用表、钳形表、相序表等；1 只三相四线有功电能表、1 只三相四线无功电能表、3 个电流互感器、3 个熔断器、1 个空气开关（或隔离开关）、2 个接线端子。

3. 实训步骤

（1）绘制该用户的电能计量装置接线原理图，如图 5-18 所示。

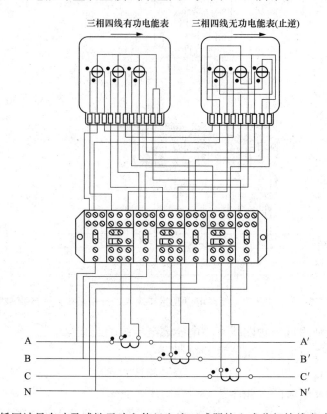

图 5-18　低压计量有功及感性无功电能经电流互感器接入式分相接线方式接线原理图

（2）用万用表分别测量三相四线有功、无功电能表电压线圈的直流电阻。

（3）记录三相四线有功、无功电能表的型号、编号和技术参数。

（4）记录电流互感器的型号、编号和技术参数。

（5）按工艺要求进行电能计量装置的接线。

（6）用相序表判断电源的顺相序。

（7）用 1 只 4kW 的异步电机作为负载接入 A′、B′、C′，同时再用 1 只 1.2kW（220V、1.2kW 的烤火炉）接 A′N′，接通电源，分别读出有功电能表和无功电能表每分钟的转数。

（8）根据该电表的已知条件和每分钟的转数和互感器的倍率，计算出负载的有功功率和无功功率和功率因数。

（9）在不断电的情况下正确的更换电能表，且操作规范正确。

项目五　三相四线有功、无功电能表带电压、电流互感器的计量装置

1. 实训目的

（1）熟悉接线盒的接线原则和要求。

（2）了解电流互感器和电压互感器的工作原理和接线方法。

（3）掌握带电压、电流互感器的三相四线有功电能表通过接线盒接线的接线方法、安装

工艺，能够根据电气原理图连接实际接线。

（4）能够根据测量结果和已知条件，分析计算负载功率。

（5）能够在不断电的情况下正确的更换电能表。

2. 实训工具

剥线钳、钢丝钳、螺钉旋具、尖嘴钳、万用表、钳形表、相序表等；1 只三相四线有功电能表、1 只三相四线无功电能表、3 个电流互感器、1 个电压互感器、1 个 pj1-2 型电能计量联合接线盒、3 个熔断器、1 个空气开关（或隔离开关）、2 个接线端子。

3. 实训步骤

（1）绘制该用户的电能计量装置接线原理图，如图 5-19 所示。

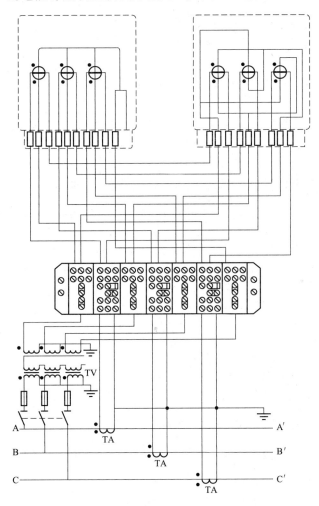

图 5-19　带电压、电流互感器的三相四线有功、无功电能表接线原理图

（2）用万用表测量电压互感器二次侧的电压。

（3）按工艺要求进行电能计量装置的接线。

（4）用相序表判断电源的顺相序。

（5）用 1 只 4kW 的异步电机作为负载接入 A′、B′、C′，再用 3 只 1.2kW（220V、1.2kW 的烤火炉）接 A′、B′、C′，然后再接通电源，读出电能表每分钟的转数。

（6）根据该电能表的已知条件和每分钟的转数和电压互感器的倍率，电流电压互感器的倍率，计算出 4 个负载的有功功率、无功功率和功率因数。

（7）在不断电的情况下正确的更换电能表，且操作规范正确。

第六节　电子式多功能电能表接线实训

项目一　三相四线电子式多功能电能表接线实训

1. 实训目的

（1）了解三相四线电子式多功能表的工作原理。

（2）熟悉三相四线电子式多功能表的主要功能。

（3）掌握三相四线电子式多功能表的接线方法、安装工艺，能够根据电气原理图连接实际接线。

（4）能够正确读取三相四线电子式多功能表相关数据。

2. 实训工具

剥线钳、钢丝钳、螺钉旋具、尖嘴钳、万用表、钳形表、相序表等；1 只三相四线电子式多功能表、3 个熔断器、1 个空气开关（或隔离开关）、2 个接线端子。

3. 实训步骤

（1）绘制该用户的电能计量装置接线原理图，如图 5-20 所示。

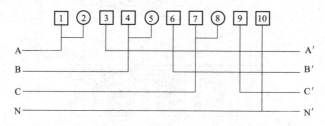

图 5-20　三相四线电子式多功能表的接线原理图

（2）按工艺要求进行电能计量装置的接线。

（3）相序表判断电源的顺相序。

（4）用 1 只 4kW 的异步电机作为负载接入 A′、B′、C′，接通电源，正确读取并记录当前正向有功总电量、当前正向无功总电量、当前正向有功总需量、当前反向有功总需量。

项目二　带电流互感器的三相四线电子式多功能电能表接线实训

1. 实训目的

（1）了解三相四线电子式多功能表的工作原理。

（2）熟悉三相四线电子式多功能表的主要功能。

（3）掌握带电流互感器的三相四线电子式多功能表的接线方法、安装工艺，能够根据电气原理图连接实际接线。

（4）能够正确读取三相四线电子式多功能表的相关数据。

2. 实训工具

剥线钳、钢丝钳、螺钉旋具、尖嘴钳、万用表、钳形表、相序表等；1 只三相四线电子式多功能表、3 个电流互感器、3 个熔断器、1 个空气开关（或隔离开关）、2 个接线端子。

3. 实训步骤

（1）绘制该用户的电能计量装置接线原理图，如图 5-21 所示。

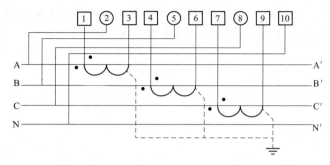

图 5-21　带电流互感器的三相四线电子式多功能表的接线图

（2）按工艺要求进行电能计量装置的接线。

（3）用相序表判断电源的顺相序。

（4）用 1 只 4kW 的异步电机作为负载接入 A′、B′、C′，再用 3 只 1.2kW（220V、1.2kW 的烤火炉）接 A′N′、B′N′、C′N′，然后再接通电源，正确读取并记录当前正向有功总电量、当前正向无功总电量、当前正向有功总需量、当前反向有功总需量。

项目三　带电压、电流互感器的三相三线电子式多功能电能表接线实训

1. 实训目的

（1）了解三相三线电子式多功能表的工作原理。

（2）熟悉三相三线电子式多功能表的主要功能。

（3）掌握带电压、电流互感器的三相三线电子式多功能表的接线方法、安装工艺，能够根据电气原理图连接实际接线。

（4）能够正确读取三相三线电子式多功能表记录的功能和数据。

2. 实训工具

剥线钳、钢丝钳、螺钉旋具、尖嘴钳、万用表、钳形表、相序表等；1 只三相三线电子式多功能表、1 个电压互感器、2 个电流互感器、3 个熔断器、1 个空气开关（或隔离开关）、2 个接线端子。

3. 实训步骤

（1）绘制该用户的电能计量装置原理图，如图 5-22 所示。

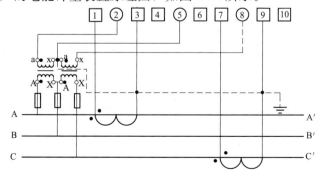

图 5-22　带电压、电流互感器的三相三线电子式多功能表的接线图

（2）按工艺要求进行电能计量装置的接线。

（3）相序表判断电源的顺相序。

（4）用 1 只 4kW 的异步电机作为负载接入 A'、B'、C'，再用 3 只 1.2kW（220V、1.2kW 的烤火炉）星形连接接入，再接通电源，正确读取并记录当前正向有功总电量、当前正向无功总电量、当前正向有功总需量、当前正向无功总需量、当前反向无功总需量。

第六章 电能计量装置错误接线分析判断

现场运行的电能计量装置，在电能表、互感器误差合格的情况下，互感器的倍率误差错误和接线错误都会使电能计量产生较大的差错。为了保证电能计量的准确，在对现场运行的电能计量装置检查的过程中，应主要检查一次和二次回路接线的正确性，核算互感器的倍率。

电能表错误接线种类按产生的部位不同，一般可分为：①电压回路或电流回路发生开路或短路；②电压或电流是反向的；③进电能表的电流、电压是不是电能表需要的电流、电压。电能表发生错误接线后，主要表现为电能表的圆盘转动出现异常，如正向转慢、反转和不转等情况。

在低压 $3 \times 220/380\text{V}$ 三相四线供电系统中，经电流互感器接入的电能表计量方式相对较多的；在高压供电系统中，经电压、电流互感器接入的三相三线电能表的计量方式、数量较多，电量较大。本章将重点介绍这两种计量方式下的接线检查方法与步骤。

第一节 单相有功电能表的错误接线分析

单相有功电能表一般用于 220V 单相交流用户或办公室照明的电能计量。其通常是直接接入用户的，但也有少数是经电流互感器接入的。

一、单相有功电能表的正确接线

1. 直接接入式单相有功电能表的正确接线

直接接入式单相有功电能表的正确接线如图 6-1 所示，电能表所计量功率为

$$P = UI\cos\varphi \tag{6-1}$$

式中　U——电能表电压线圈上的电压，也是负载电压；

　　　I——流过电能表电流线圈的电流，也是负载电流；

　　　φ——单相交流电路电压超前同相电流的相位角，即负载的功率因数角。

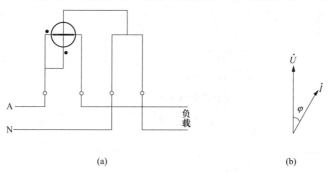

(a)　　　　　　　　　　　(b)

图 6-1　直接接入式单相有功电能表的正确接线图和相量图

(a) 接线图；(b) 相量图

2. 经电流互感器接入式单相有功电能表的正确接线

经电流互感器接入式单相有功电能表的正确接线如图 6-2 所示，电能表所计量功率为

$$P_2 = UI_2\cos\varphi \tag{6-2}$$

实际消耗的功率等于所计功率乘以电流互感器的电流变比$\left(K_I = \dfrac{I_1}{I_2}\right)$，即 $\tag{6-3}$

$$P = K_I P_2 = K_I UI_2\cos\varphi = UI_1\cos\varphi \tag{6-4}$$

式中　I_1，I_2——电流互感器的一、二次电流。

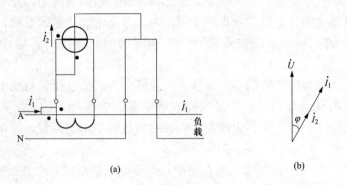

(a)　　　　　　　　　　　　(b)

图 6-2　经电流互感器接入式单相有功电能表的正确接线图和相量图

(a) 接线图；(b) 相量图

二、单相有功电能表的错误接线分析

1. 断开电压连接片

断开电压连接片，其接线图如图 6-3 所示。由于电压连接片断开，即单相交流电压未加到电能表电压线圈上，$U=0$，因此所计量的功率为

$$P' = UI\cos\varphi = 0 \times I\cos\varphi = 0 \tag{6-5}$$

电能表不转。

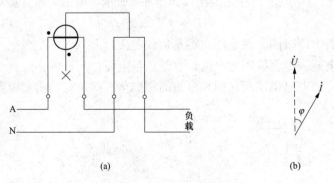

(a)　　　　　　　　　　　　(b)

图 6-3　断开电压连接片的接线图和相量图

(a) 接线图；(b) 相量图

2. 电能表电流线圈反接

若电能表电流线圈或电流互感器二次侧反接，则流入电能表电流线圈中的电流方向相反。其接线图和相量图分别如图 6-4、图 6-5 所示。

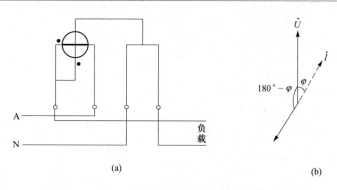

图 6-4　电能表电流线圈反接的接线图和相量图

（a）接线图；（b）相量图

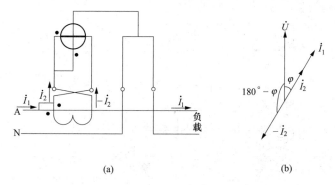

图 6-5　电流互感器二次侧反接的接线图和相量图

（a）接线图；（b）相量图

在这种情况下，电能表计量的功率为

$$P' = UI\cos(180° - \varphi) = -UI\cos\varphi \tag{6-6}$$

对于感应式的电能表，在这种接线下，电能表计量反向功率，转盘反转，功率值与表计反转时功率值相等；但是转盘反转时，表计的补偿力矩方向是按正转方向调整的，因此，在转盘反转时会产生较大负误差。电子式电能表此种接线时没有影响正常计量。

3. 电流线圈短接

因为电流线圈或电流互感器二次侧短接后，短接线与电流线圈并联，短接线起分流作用，此时流过电能表电流线圈的电流为 I'，$I' < I$。其接线分别如图 6-6、图 6-7 所示，所计量的功率为

$$P' = UI'\cos\varphi \tag{6-7}$$

这种情况下，电能表转速减慢。所用短接线的电阻越小，电表转的越慢。

4. 相线与中性线互换

相线与中性线互换后，电能表电流线圈流进的电流为 $-\dot{I}$，电压线圈所加的电压为 $-\dot{U}$，电压和电流同时反相，相互间的相位差角不变，仍为 φ，理论上计量正确，但是此种接线不规范，容易给用户造成窃电的机会。

如按图 6-8 接线，在 E 点断开负载中性线，让负载只接相线和家中自备的中性线，就可以实现单向窃电，造成电能表停转。

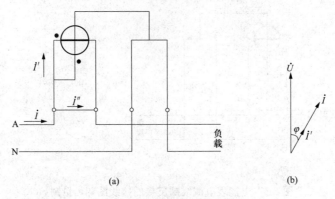

图 6-6　电能表电流线圈短接的接线图和相量图

（a）接线图；（b）相量图

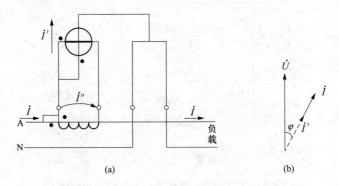

图 6-7　电流互感器二次侧短接的接线图和相量图

（a）接线图；（b）相量图

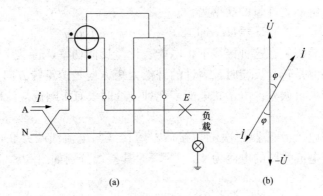

图 6-8　相线与中性线互换的错误接线图和相量图

（a）接线图；（b）相量图

5. 欠压窃电

单相有功电能表的欠压窃电接线图和相量图如图 6-9 所示。窃电者先断开电能表的地线的出线，将负载直接接向地线，再在表尾的地线上串接一个电阻，该电阻与电能表的电压线圈串联分压，假设 $\dot{U}$、$\dot{U}'$、$\dot{U}''$ 三者同相，则电能表电压线圈上的电压 U' 小于负载的电压 U，电能表少计电量。

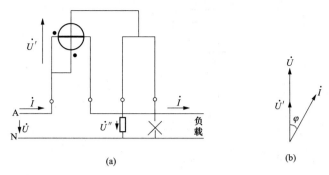

图 6-9 单相有功电能表欠压窃电接线图和相量图

(a) 接线图；(b) 相量图

6. 电流互感器二次侧开路

电流互感器二次侧开路时的接线图如图 6-10 所示。这时，因为 $I_2=0$，此时电能表计量的功率为

$$P' = UI_2\cos\varphi = 0 \tag{6-8}$$

这种情况下，电能表不转。

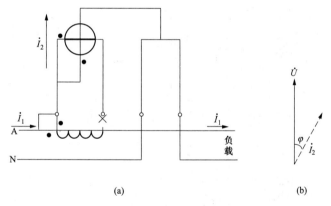

图 6-10 电流互感器二次侧开路的接线图和相量图

(a) 接线图；(b) 相量图

第二节 低压三相四线有功电能计量装置错误接线分析

一、正确接线方式

低压三相四线有功电能计量装置计量时不用电压互感器，但大多数需配电流互感器。低压经电流互感器接入的三相四线制有功电能表正确接线原理图如图 6-11 (a) 所示。电流 I_A、I_B 和 I_C 分别通过电能表的第一元件（图中左边的）、第二元件（图中中间的）、第三元件（图中右边的）的电流线圈，电压 U_{AN}、U_{BN} 和 U_{CN} 分别接于第一元件、第二元件和第三元件的电压线圈上。其相量关系如图 6-11 (b) 所示。

当装置接线正确时，由图 6-11 和图 6-12 可知，电能表的三个元件计量的功率分别为 $P_1=U_A I_A\cos\varphi_A$、$P_2=U_B I_B\cos\varphi_B$ 和 $P_3=U_C I_C\cos\varphi_C$。

三相四线有功电能计量装置的三相总功率为三相功率之和，即

$$P = P_1 + P_2 + P_3 = U_A I_A\cos\varphi_A + U_B I_B\cos\varphi_B + U_C I_C\cos\varphi_C \tag{6-9}$$

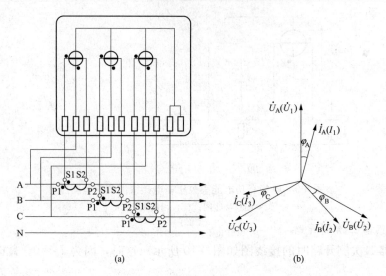

图 6-11　低压经电流互感器接入的三相四线制有功电能表正确接线图和相量图

(a) 接线图；(b) 相量图

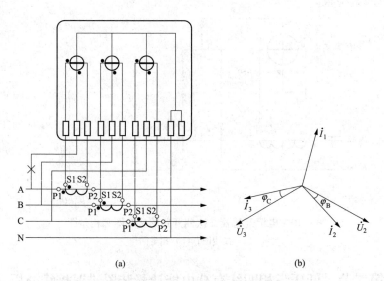

图 6-12　A 相电压断线（U_A 断相）的接线图和相量图

(a) 接线图；(b) 相量图

当三相对称时，即 $U_A=U_B=U_C=U_{ph}$，$I_A=I_B=I_C=I_{ph}$，$\varphi_A=\varphi_B=\varphi_C=\varphi$，则上式变为

$$P = 3U_{ph}I_{ph}\cos\varphi \tag{6-10}$$

上两式中　U_A，U_B，U_C——AN、BN 和 CN 间的电压（即 A、B、C 三相的相电压）；

　　　　　I_A，I_B，I_C——A、B、C 三相的相电流；

　　　　　φ_A，φ_B，φ_C——A 相、B 相和 C 相功率因数角（即相应相电压与相电流之间的夹角）；

　　　　　U_{ph}，I_{ph}——相电压的相电流；

　　　　　φ——相电压与相电流之间的夹角。

U_1、U_2、U_3 分别为第一元件、第二元件和第三元件电压线圈上的电压，I_1、I_2、I_3 分别为第一元件、第二元件和第三元件电流线圈的电流，$\varphi_{U_1 I_1}$、$\varphi_{U_2 I_2}$、$\varphi_{U_3 I_3}$ 分别为第一元件、第二元件和第三元件的电压与电流的夹角。接线正确时，$U_1=U_A$、$U_2=U_B$、$U_3=U_C$，$I_1=I_A$、$I_2=I_B$、$I_3=I_C$，$\varphi_{U_1I_1}=\varphi_A$、$\varphi_{U_2I_2}=\varphi_B$、$\varphi_{U_3I_3}=\varphi_C$。

二、三相四线有功电能表错的错误接线分析

三相四线有功电能表可能出现的错误接线类型很多，仅电压回路就有可能出现：电压换相，共接同一相电压，电压开路，换相后有一相开路等错误接线。若再加上电流回路错误接线以及电压、电流回路均出现错误接线的情况，不能一一列举。实际上，由于分析方法都是相同的，因此也没有必要对每一种错误情况都进行分析。

下面在假设负载为感性且电路对称情况下，通过举例对以下几种三相四线有功电能表的错误接线进行分析：①电压断线；②电流线圈进出线反接（如将电流互感器二次 S2 端接电能表进线端，电能表出线端接互感器 S1 端）；③电压换相；④电流换相且有电流线圈进出线反接；⑤电压回路、电流回路均出现换相错误；⑥电压回路、电流回路均出现换相错误且有电流线圈进出线反接。

1. 电压断线

如 A 相电压断线（U_A 断相），即第一元件电压断线，其接线图和相量图如图 6-12 所示。

此时，第一元件电压 $U_1=U_A=0$，其他两元件电压、电流不变. 在这种情况下，电能表的功率表达式为

$$
\begin{aligned}
P' &= P_2 + P_3 \\
&= U_1 I_2 \cos\varphi_B + U_3 I_3 \cos\varphi_C \\
&= 2U_{ph} I_{ph} \cos\varphi
\end{aligned} \tag{6-11}
$$

式（6-11）为电能表错误接线情况下的功率表达式。

正确的功率表达式 $P=3U_{ph}I_{ph}\cos\varphi$ 与错误的功率表达式 P' 的比值，定义为更正系数，用 K 表示，即

$$
K = \frac{P}{P'} \tag{6-12}
$$

A 相电压断线时，更正系数为

$$
K = \frac{P}{P'} = \frac{3U_{ph}I_{ph}\cos\varphi}{2U_{ph}I_{ph}\cos\varphi} = \frac{3}{2} \tag{6-13}
$$

这种情况下，电能表转速减慢，比正确接线少计量 1/3 的电量。

2. 电流线圈进出线反接

例如，C 相电流反接（I_C 反），即第三元件电流进出线接反，则 $\dot{I}_3=-\dot{I}_C$，其接线图和相量图如图 6-13 所示。

C 相电流反接时的功率表达式为

$$
\begin{aligned}
P' &= P_1 + P_2 + P_3 \\
&= U_1 I_1 \cos\varphi_A + U_2 I_2 \cos\varphi_B + U_3 I_3 \cos(180° - \varphi_C) \\
&= U_{ph} I_{ph} \cos\varphi
\end{aligned} \tag{6-14}
$$

更正系数为

$$
K = \frac{P}{P'} = \frac{3U_{ph}I_{ph}\cos\varphi}{U_{ph}I_{ph}\cos\varphi} = 3 \tag{6-15}
$$

这种情况下，电能表转速减慢，比正确接线少计量 2/3 的电量。

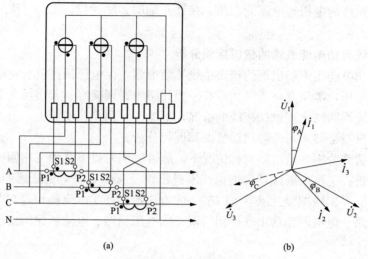

图 6-13　C 相电流反接（I_C 反）的接线图和相量图

（a）接线图；（b）相量图

3. 电压换相

（1）A、B 相电压互换，即电压接线顺序为 B—A—C。第一元件接 B 相电压，第二元件接 A 相电压，接线图和相量图如图 6-14 所示。

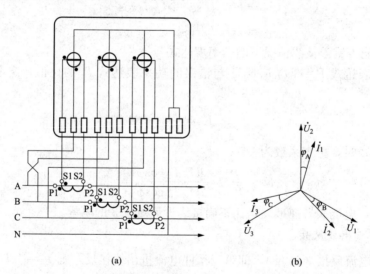

图 6-14　A、B 相电压互换（U_{BAC}）的接线图和相量图

（a）接线图；（b）相量图

错误接线时的功率表达式为

$$P' = P_1 + P_2 + P_3$$
$$= U_1 I_1 \cos(120° - \varphi_A) + U_2 I_2 \cos(120° + \varphi_B) + U_3 I_3 \cos\varphi_C \qquad (6\text{-}16)$$
$$= 0$$

更正系数为

$$K = \frac{P}{P'} = \frac{3U_{ph} I_{ph} \cos\varphi}{0} = \infty \qquad (6\text{-}17)$$

此时，电能表停转。

（2）电压接线顺序为 C—A—B。即第一元件接 C 相电压，第二元件接 A 相电压，第三元件接 B 相电压，其接线图和相量图如图 6-15 所示。

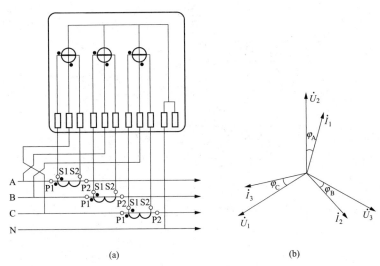

（a）　　　　　　　　　　　　　　（b）

图 6-15　电压接线为 C—A—B 的接线图和相量图

（a）接线图；（b）相量图

错误接线时的功率表达式为

$$
\begin{aligned}
P' &= P_1 + P_2 + P_3 \\
&= U_1 I_1 \cos(120° + \varphi_{\mathrm{A}}) + U_2 I_2 \cos(120° + \varphi_{\mathrm{B}}) + U_3 I_3 \cos(120° + \varphi_{\mathrm{C}}) \\
&= -\frac{3}{2} U_{\mathrm{ph}} I_{\mathrm{ph}} (\cos\varphi + \sqrt{3}\sin\varphi)
\end{aligned} \tag{6-18}
$$

更正系数为

$$
K = \frac{P}{P'} = \frac{3 U_{\mathrm{ph}} I_{\mathrm{ph}} \cos\varphi}{-\dfrac{3}{2} U_{\mathrm{ph}} I_{\mathrm{ph}} (\cos\varphi + \sqrt{3}\sin\varphi)} = \frac{2}{1 + \sqrt{3}\tan\varphi} \tag{6-19}
$$

这种情况下：

（1）当负载为容性，$\cos\varphi = 0.866$ 时，电能表不转；$\cos\varphi > 0.866$ 时，电能表反转；$\cos\varphi < 0.866$ 时，电能表正转。

（2）当负载为容性，$\cos\varphi = 0.5$ 时，计量正确；$\cos\varphi > 0.5$ 时，电能表快；$\cos\varphi < 0.5$ 时，电能表慢。

（3）当负载为感性，$\cos\varphi = 0.866$ 时，计量正确但电能表反转。

4. 电流换相且有电流线圈进出线反接

A、C 相电流互换且 B 相电流反接，即第一元件电流为 I_{C}、第二元件电流为 $-I_{\mathrm{B}}$、第三元件电流为 I_{A}，接线图和相量图如图 6-16 所示。

错误接线时的功率表达式为

$$
\begin{aligned}
P' &= P_1 + P_2 + P_3 \\
&= U_1 I_1 \cos(120° - \varphi_{\mathrm{C}}) + U_2 I_2 \cos(180° - \varphi_{\mathrm{B}}) + U_3 I_3 \cos(120° + \varphi_{\mathrm{A}}) \\
&= 2 U_{\mathrm{ph}} I_{\mathrm{ph}} \cos\varphi
\end{aligned} \tag{6-20}
$$

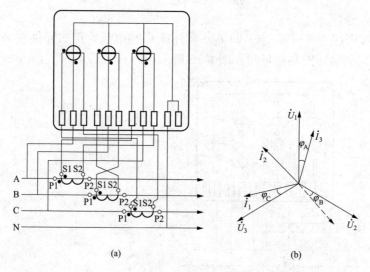

图 6-16　A、C 相电流互换且 B 相电流反接时的接线图和相量图

(a) 接线图；(b) 相量图

更正系数为

$$K = \frac{P}{P'} = \frac{3U_{ph}I_{ph}\cos\varphi}{-2U_{ph}I_{ph}\cos\varphi} = \frac{3}{2} \tag{6-21}$$

这种情况下，电能表反转，且转速是正常转速的 2/3。

5. 电压回路、电流回路均出现换相错误

例如，电压回路接线为 B—A—C，电流回路接线为 A—C—B。其接线图和相量图如图 6-17 所示。

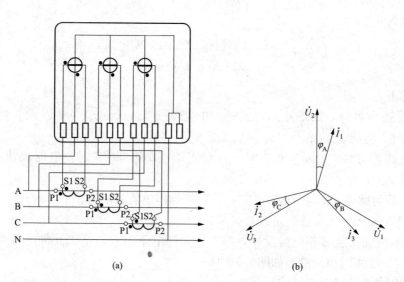

图 6-17　电压回路接线为 B—A—C 且电流回路接线为 A—C—B 时的接线图和相量图

(a) 接线图；(b) 相量图

错误接线时的功率表达式为

$$P' = P_1 + P_2 + P_3$$
$$= U_1 I_1 \cos(120° - \varphi_A) + U_2 I_2 \cos(120° - \varphi_C) + U_3 I_3 \cos(120° - \varphi_B)$$
$$= 3U_{ph} I_{ph} \cos(120° - \varphi) \qquad (6\text{-}22)$$
$$= -\frac{3}{2} U_{ph} I_{ph} (\cos\varphi - \sqrt{3}\sin\varphi)$$

更正系数为

$$K = \frac{P}{P'} = \frac{3U_{ph} I_{ph} \cos\varphi}{-\dfrac{3}{2} U_{ph} I_{ph} (\cos\varphi - \sqrt{3}\sin\varphi)} = -\frac{2}{1 - \sqrt{3}\tan\varphi} \qquad (6\text{-}23)$$

这种情况下：

（1）当负载为感性，$\cos\varphi = 0.866$ 时，电能表不转；$\cos\varphi > 0.866$ 时，电能表正转；$\cos\varphi < 0.866$ 时，电能表反转。

（2）当负载为感性，$\cos\varphi = 0.5$ 时，计量正确；$\cos\varphi > 0.5$ 时，电能表快；$\cos\varphi < 0.5$ 时，电能表慢。

（3）当负载为容性，$\cos\varphi = 0.866$ 时，计量正确但表反转。

三、使用三相四线有功电能表计量电能注意的几个问题

1. 断 B 相电压检查方法

三相四线有功电能计量装置的初步检查，可仿效三相三线有功电能计量装置的检查方法，断 B 相电压检查方法。先记录待查铝盘的转速（或电子表脉冲闪速），如 1min 转了几圈，然后将 B 相电压进线断开，使 B 相电压线圈失压，再将表尾中性线也断开。至此该三相四线三元件有功电能计量装置的接线就与三相三线两元件断 B 相电压检查方法相同，变成两元件有功电能计量装置断 B 相电压后的情况。如原来接线正确，这时铝盘转速应约为原来的 1/2（具体参照本章第三节中三相三线有功能表的断 B 相电压检查法）。

进行这项检查时，要求用户只接对称负载，效果会较好。此操作是带电作业，比高供高计时电压互感器二次接线的电压还高，对地电压 220V，因此必须使用绝缘工具操作，办理工作票，有人监护，严禁造成触电和短路。

2. 短路测试法

下面介绍一种判断三相四线三元件电能表运行状态的简单易行的方法，称为短路测试法。用导线将电能表表尾电流线圈依次短接，此时观察电能表铝盘的转速或脉冲闪速变化，借此来判断电能表本身及电流二次接线或电压回路的接线情况。

对三相四线三元件有功电能表，若用户接三相对称负载，短接 A 相电流线圈时有以下几种可能：

（1）铝盘速减为原来的 2/3，说明各元件均正常。

（2）铝盘速增快，说明 A 元件电流线圈反接。

（3）铝盘速不变，说明 A 元件不起作用，A 元件的电压或电流接线开路。

（4）铝盘停转，说明 B、C 两元件一相正常一相电流线圈反接，转矩互相抵消；或两者均不起作用。

（5）铝盘反转，说明 B、C 两元件电流线圈均反接；或者一相电流线圈反接，一相不起作用。同理，再单独短接 B、C 两元件电流线圈，每次也有五种可能。从这些现象中可判断出计量

装置是否正常运行。

第三节　经电压、电流互感器接入的三相三线有功电能计量
装置错误接线分析

　　三相三线两元件有功电能表计量装置适用于中性点绝缘系统，一次供电系统中没有接地线，如我国城乡 35、10kV 配电网都属于这种接线。该系统能基本保证 $i_a+i_b+i_c=0$，仅用两个元件就能正确计量三相电能，而且为高供高计，电能表安装在用户变压器的高压侧。我国配电网的大用户普遍采用这种高供高计形式，表计数量虽然比三相四线的表少。但由于高供高计时，电压互感器、电流互感器的倍率大，这些用户的用电量占全社会用电量的比例很大，往往表针指示值"差之分毫"，却可能是最终电量数"失之千里"。因此应该对三相三线两元件有功电能计量装置的接线足够重视。

一、正确接线方式及相量图

　　经电压、电流互感器接入的三相三线有功电能表的正确接线图和相量图如图 6-18 所示。

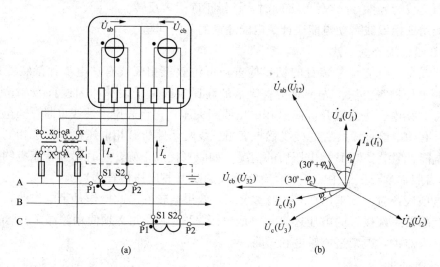

图 6-18　经电压、电流互感器接入的三相三线有功电能正确接线图和相量图
(a) 接线图；(b) 相量图

　　正确接线时，第一元件的功率为

$$P_1 = U_{ab}I_a\cos(30°+\varphi_a) \tag{6-24}$$

第二元件的功率为

$$P_2 = U_{cb}I_c\cos(30°-\varphi_c) \tag{6-25}$$

·若三相电路对称则

$$U_{ab}=U_{cb}=U_l, I_a=I_c=I_l, \varphi_a=\varphi_c=\varphi$$

可知，总功率为

$$\begin{aligned}
P &= P_1+P_2 \\
&= U_{ab}I_a\cos(30°+\varphi_a)+U_{cb}I_c\cos(30°-\varphi_c) \\
&= \sqrt{3}U_lI_l\cos\varphi
\end{aligned} \tag{6-26}$$

二、经电压、电流互感器接入的三相三线有功电能表错误接线分析

三相三线有功电能表可能出现的错误接线类型中，电压回路可能出现的有电压换相、共接同一相电压、电压开路、换相后有一相开路、电压互感器极性接反等；电流回路接线可能出现的有电流线圈进出线反接、电流换相、电流线圈被短路、电流换相且有电流线圈进出线反接、电流线圈被短路或电流互感器二次被短接等。此处不一一详述，仅以下面几种情况为例进行分析，重点是掌握其分析计算的方法：

(1) 电压断线。

(2) 电流线圈进出线反接，如将电流互感器二次 S2 端接电能表进线端，电能表出线端接互感器 S1 端。

(3) 电压换相。

(4) 电流换相且有电流线圈进出线反接。

(5) 电压回路、电流回路均出现换相错误且有电流线圈进出线反接。

1. 电压断线

例如，第一元件电压进线断（即接入电能表接线柱 2 的线断），接线图和相量图如图 6-19 所示。此时，电压 $U_{ab}=0$。

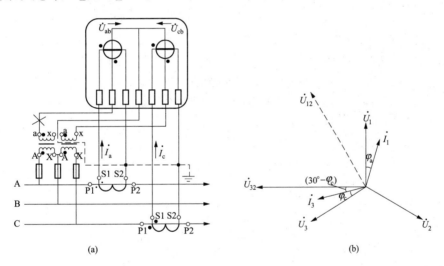

图 6-19　第一元件电压进线断的接线图和相量图
(a) 接线图；(b) 相量图

错误接线情况下的功率表达式为

$$P' = P_2 = U_{cb}I_c\cos(30°-\varphi_c) = U_lI_l\left(\frac{\sqrt{3}}{2}\cos\varphi + \frac{1}{2}\sin\varphi\right) \tag{6-27}$$

更正系数为

$$K = \frac{P}{P'} = \frac{\sqrt{3}U_lI_l\cos\varphi}{U_lI_l\left(\frac{\sqrt{3}}{2}\cos\varphi + \frac{1}{2}\sin\varphi\right)} = \frac{2\sqrt{3}}{\sqrt{3}+\tan\varphi} \tag{6-28}$$

这种情况下：

(1) 当负载为容性，$\cos\varphi=0.5$ 时，电能表不转；$\cos\varphi>0.5$ 时，电能表正转；$\cos\varphi<$

0.5 时，电能表反转。

（2）当负载为感性，$\cos\varphi=0.5$ 时，计量正确；$\cos\varphi>0.5$ 时，电能表反快；$\cos\varphi<0.5$ 时，电能表正慢。

（3）当负载为感性，$\cos\varphi=0.189$ 时，计量正确但表反转。

2. 电流线圈进出线反接

例如，第二元件电流进、出线接反，即电流 I_c 反进第二元件，其接线图和相量图如图 6-20 所示。

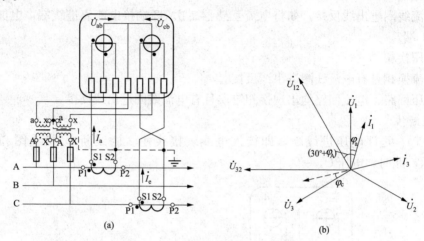

图 6-20　I_c 反的接线图和相量图

(a) 接线图；(b) 相量图

错误接线情况下的功率表达式为

$$
\begin{aligned}
P' &= P_1 + P_2 \\
&= U_{12}I_1\cos(30°+\varphi_a) + U_{32}I_3\cos(150°+\varphi_c) \\
&= -U_lI_l\sin\varphi
\end{aligned}
\tag{6-29}
$$

更正系数为

$$
K = \frac{P}{P'} = \frac{\sqrt{3}U_lI_l\cos\varphi}{-U_lI_l\sin\varphi} = -\sqrt{3}\,c\tan\varphi
\tag{6-30}
$$

这种情况下：

（1）当 $\cos\varphi=1$ 时，电能表不转。

（2）$0<\cos\varphi<1$ 时，当负载为感性时，电能表反转；如果负载为容性，电能表正转。

（3）当 $\cos\varphi>0.5$ 时，电能表快。

（4）当 $\cos\varphi<0.5$ 时，电能表慢。

3. 电压换相

（1）A、B 相电压互换，即第一元件接电压 U_{ab}，第二元件接电压 U_{ca}，接线图和相量图如图 6-21 所示。

错误接线情况下的功率表达式为

$$
\begin{aligned}
P' &= P_1 + P_2 \\
&= U_{12}I_1\cos(150°-\varphi_a) + U_{32}I_3\cos(30°+\varphi_c) \\
&= 0
\end{aligned}
\tag{6-31}
$$

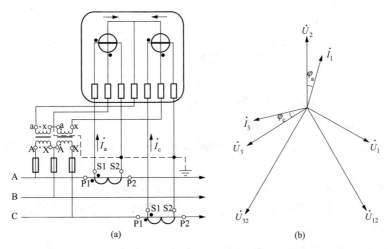

图 6-21　A、B 相电压互换接线图和相量图

(a) 接线图；(b) 相量图

更正系数为

$$K = \frac{P}{P'} = \frac{\sqrt{3}U_l I_l \cos\varphi}{0} = \infty \tag{6-32}$$

此时，电能表停转。

(2) 第一元件接电压 U_{ca}，第二元件接线为 U_{ba}，其接线图和相量图如图 6-22 所示。

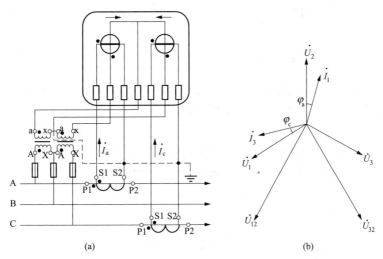

图 6-22　电压接线顺序为 c—a—b 的接线图和相量图

(a) 接线图；(b) 相量图

错误接线情况下的功率表达式为

$$
\begin{aligned}
P' &= P_1 + P_2 \\
&= U_{12} I_1 \cos(150° + \varphi_a) + U_{32} I_3 \cos(90° + \varphi_c) \\
&= U_l I_l \left(\frac{\sqrt{3}}{2}\cos\varphi - \frac{3}{2}\sin\varphi \right)
\end{aligned}
\tag{6-33}
$$

更正系数为

$$K = \frac{P}{P'} = \frac{\sqrt{3}U_lI_l\cos\varphi}{U_lI_l\left(-\dfrac{\sqrt{3}}{2}\cos\varphi - \dfrac{3}{2}\sin\varphi\right)} = -\frac{2}{1+\sqrt{3}\tan\varphi} \tag{6-34}$$

这种情况下：

（1）当负载为容性，$\cos\varphi = 0.866$ 时，电能表不转；$\cos\varphi > 0.866$ 时，电能表反转；$\cos\varphi < 0.866$ 时，电能表正转。

（2）当负载为容性，$\cos\varphi = 0.5$ 时，计量正确；$\cos\varphi > 0.5$ 时，电能表快；$\cos\varphi < 0.5$ 时，电能表慢。

（3）当负载为感性，$\cos\varphi = 0.866$ 时，计量正确但表反转。

三、使用三相三线有功电能计量装置计量有功功率值得注意的几个问题

1. 断 B 相电压检查方法

三相三线有功电能计量装置的初步检查，可采用断 B 相电压检查方法。

在负载基本对称的情况下，打开三相三线两元件有功电能表的接线盒，悬松 B 相电压接线螺钉，抽出表尾 B 相接线，让其悬空，若该计量装置本来接线正确，这时电能表的转速或电子表闪速应减为原来的 1/2，第一元件电压线圈所加的电压为 $\frac{1}{2}\dot{U}_{ac}$，第二元件电压线圈所加的电压为 $\frac{1}{2}\dot{U}_{ca}$，功率表达式为

$$\begin{aligned}
P' &= P_1 + P_2 \\
&= \frac{1}{2}U_{ac}I_a\cos(30° + \varphi_a) + \frac{1}{2}U_{ca}I_c\cos(30° - \varphi_c) \\
&= \frac{\sqrt{3}}{2}U_lI_l\cos\varphi
\end{aligned} \tag{6-35}$$

转速刚好是正确时候的一半。因此，可以通过断 B 相电压时电能表转盘转速的情况来检查接线，转速不是原来的 1/2，表明接线有问题，需要进一步检查。

2. 电压交叉检查方法

三相三线有功电能表带电运行时，打开接线盒，旋松 A 相和 C 相电压接线螺钉，抽出 A 相和 C 相电压进线，相互交换后再插入孔中适当旋紧螺钉，使两个元件的电压交叉，这时接线方式变为 c—a—b，此时计量的功率为

$$\begin{aligned}
P' &= P_1 + P_2 \\
&= U_{cb}I_a\cos(90° + \varphi_a) + U_{ab}I_c\cos(90° - \varphi_c) \\
&= 0
\end{aligned} \tag{6-36}$$

此时，电能表停转。如果 A 相和 C 相电压电压进线交换后，电能表停转，那么表明交换前的接线是正确的。

但是这种方法有时候会失败，因为个别故障接线时，A 相和 C 相电压接线交换后也会停转。例如，I_a 和 I_c 同时反向时，计量的功率为

$$\begin{aligned}
P' &= P_1 + P_2 \\
&= U_{ab}I_a\cos(150° - \varphi_a) + U_{cb}I_c\cos(150° + \varphi_c) \\
&= -\sqrt{3}U_{ph}I_{ph}\cos\varphi
\end{aligned} \tag{6-37}$$

这种情况下，电能表转速与正确时转速相同，但是反转。若在此种错误情况下采用电压交叉检查法，A 相和 C 相电压进线交换，此时计量的功率为

$$
\begin{aligned}
P' &= P_1 + P_2 \\
&= U_{cb}I_a\cos(90° - \varphi_a) + U_{ab}I_c\cos(90° + \varphi_c) \\
&= 0
\end{aligned}
\tag{6-38}
$$

此时，电能表同样停转。

第四节　退补电量的计算

在错误接线时，电能表记录了电量 W' 值，它与没有记录下的真实电量 W 有以下的关系

$$
K = \frac{W}{W'}
\tag{6-39}
$$

由于 W 已不能重新测量，只有求出 K 值才能计算出 W 值，K 值代表电量更正系数，可以采用以下两种方法求得。

1. 测试法

原有电能计量装置接线方式不变，按正确接线接入一只同型号的电能表，准确度等级不低于原运行的电能表。运行一段时间后，用正确接线电能表记录的电量值，便得到了更正系数 K。

2. 计算法

更正系数为

$$
K = \frac{W}{W'} = \frac{P}{P'}
\tag{6-40}
$$

式中　P——电能表正确接线时的功率；

　　　P'——电能表正确接线时的功率；

　　　W——负载的实际用电量；

　　　W'——电能表在错误接线情况下记录的电量。

一般通过故障接线时接入电能表所有电流、电压间的相量图求出 P'，从而再算出 K。已知 K 值就可算出该抄表期内用户的真实用电量 W，即

$$
W = W'K = (\text{本月抄见数} - \text{上月抄见数}) \times \frac{P}{P'}
\tag{6-41}
$$

即通过更正系数 K，可以从虚假电能量 W' 中算出用户所用的真实电能量 W。

正确计量方式下的功率是固定不变的，有以下几种情况。

（1）单相有功电能表计量：

$$
P = UI\cos\varphi
\tag{6-42}
$$

（2）三相三线两元件有功电能表计量：

$$
P = \sqrt{3}U_lI_l\cos\varphi
\tag{6-43}
$$

（3）三相四线三元件有功电能表计量：

$$
P = 3U_{ph}I_{ph}\cos\varphi
\tag{6-44}
$$

用户所用的真实电量 W 始终为正。

另外，还有以下规律存在：

（1）$K>1$，表明计量装置少计电量。

（2）$K=1$，表明计量装置电量正确。

（3）$0<K<1$，表明计量装置多计电量。

（4）$K<0$，表明计量装置铝盘反转。

【举例】 某厂一套高供高计两元件有功电能计量装置，双月抄表，原抄读数为3000，两个月后抄读数为1000，电流互感器变比 K_I 为 100/5，电压互感器变比 K_U 为 6000/100，通过画相量图推出故障接线时的功率表达式为 $P' = U_l I_l(-\sqrt{3}\cos\varphi + \sin\varphi)$，平均功率因数为0.9（滞后）。求该用户这两个月内真实消耗的电能量。

答 先求更正系数，因为

$$\varphi = \arccos 0.9 = 25.84°$$

$$K = \frac{P}{P'} = \frac{\sqrt{3}U_l I_l \cos\varphi}{U_l I_l(-\sqrt{3}\cos\varphi + \sin\varphi)} = \frac{\sqrt{3}}{-\sqrt{3} + \tan\varphi} = \frac{\sqrt{3}}{-\sqrt{3} + \tan 25.84°} = -1.388$$

两个月的虚假电量为

$$W' = 1000 - 3000 = -2000(\text{kW} \cdot \text{h})$$

两个月的真实用电量为

$$W = W'KK_I K_U = (-2000) \times (-1.388) \times \frac{100}{5} \times \frac{6000}{100} = 3331200(\text{kW} \cdot \text{h})$$

退补电量指的是根据计量装置故障接线时所计量的虚假电量 W'，计算用户的真实用电量 W，并且退还多收电费或补齐少交电费的过程。

供电营业中，正确退补电量的关键在于计算出各种故障接线时的更正系数，一般方法是先画出接入电能表的各个电流、电压的相量图，进行分析；根据分析结果写出故障接线时的功率表达式 P'，在测量出用户的功率因数角 φ 后，计算更正系数 K；最后根据更正系数计算真实电量。

附录 A 常用绝缘导线长期连续运行时的允许载流量

表 A-1 500V 橡皮、塑料绝缘导线在空气中敷设时长期连续负荷允许载流量（A）

截面积（mm²）	500V 单芯像皮线		500V 单芯聚氯乙烯塑料线	
	铜芯	铝芯	铜芯	铝芯
0.75	18	—	16	—
1.0	21	—	19	—
1.5	27	19	24	18
2.5	35	27	32	25
4	45	35	42	32
6	58	45	55	42
10	85	65	75	59
16	110	85	105	80
25	145	110	138	105
35	180	138	170	130
50	230	175	215	165
70	285	220	265	205
95	345	265	325	250

注 1. 适用的导线型号，单芯聚氯乙烯塑料绝缘导线型号有 BV、BLV、BVR，单芯橡皮绝缘导线型号有 BX、BxF、BLXF、BXR。

2. 导线线芯最高允许的工作温度为+65℃。

3. 周围环境温度为+25℃。

表 A-2 500V 单芯橡皮绝缘导线穿钢管时空气中敷设长期连续负荷的允许载流量

截面积（mm²）	长期连续负荷允许载流量（A）					
	穿两根导线		穿三根导线		穿四根导线	
	铜芯	铝芯	铜芯	铝芯	铜芯	铝芯
1.0	15	—	14	—	12	—
1.5	20	15	18	14	17	11
2.5	28	21	25	19	23	16
4	37	28	33	25	30	23
6	49	37	43	34	39	30
10	68	52	60	46	53	40
16	86	66	70	59	69	52
25	113	86	100	76	90	68
35	140	106	122	94	110	83
50	175	133	154	118	137	105
70	215	165	193	150	173	133
95	260	200	235	180	210	160

续表

截面积 (mm²)	长期连续负荷允许载流量（A）					
	穿两根导线		穿三根导线		穿四根导线	
	铜芯	铝芯	铜芯	铝芯	铜芯	铝芯
120	300	230	270	210	245	190
150	340	260	310	240	280	220
185	385	295	355	270	320	250

注 1. 适用的导线型号有 BX、BLX、BXF、BLXF。
　　2. 导线线芯最高允许的工作温度为+65℃。
　　3. 周围环境温度为+25℃。

表 A-3　　**500V 单芯橡皮绝缘导线穿塑料管时在空气中敷设长期连续负荷的允许载流量**

截面积 (mm²)	长期连续负荷允许载流量（A）					
	穿两根导线		穿三根导线		穿四根导线	
	铜芯	铝芯	铜芯	铝芯	铜芯	铝芯
1.0	13	—	12	—	11	—
1.5	17	14	16	12	14	11
2.5	25	19	22	17	20	15
4	33	25	30	23	26	20
6	43	33	38	29	34	26
10	59	44	52	40	46	35
16	76	58	68	52	60	46
25	100	77	90	68	80	60
35	125	95	110	84	98	74
50	160	120	140	108	123	95
70	195	153	175	135	155	120
95	240	184	215	165	195	150
120	278	210	250	190	227	170
150	320	250	290	227	265	205
185	360	282	330	255	300	232

注 1. 适用的导线型号有 BX、BLX、BXF、BLXF。
　　2. 导线线芯最高允许的工作温度为+65℃。
　　3. 周围环境温度为+25℃。

表 A-4　　**500V 单芯聚氯乙烯绝缘导线穿塑料管时在空气中敷设长期连续负荷的允许载流量**

截面积 (mm²)	长期连续负荷允许载流量（A）					
	穿两根导线		穿三根导线		穿四根导线	
	铜芯	铝芯	铜芯	铝芯	铜芯	铝芯
1.0	12	—	11	—	10	—
1.5	16	13	15	11.5	13	10
2.5	24	18	21	16	19	14
4	31	24	28	22	25	19
6	41	31	36	27	32	25
10	56	42	49	38	44	33

截面积 (mm²)	长期连续负荷允许载流量（A）					
	穿两根导线		穿三根导线		穿四根导线	
	铜芯	铝芯	铜芯	铝芯	铜芯	铝芯
16	72	55	65	49	57	44
25	95	73	85	65	75	57
35	120	90	105	80	93	70
50	150	114	132	102	117	90
70	185	145	167	130	148	115
95	230	175	205	158	185	140
120	270	200	240	180	215	160
150	305	230	275	207	250	185
185	355	265	310	235	280	212

注　1. 适用的导线型号有 BV、BLV。
　　2. 导线线芯最高允许的工作温度为+65℃。
　　3. 周围环境温度为+25℃。
　　4. 实际环境温度下载流量的校正系数，与地埋线的校正系数相同。

表 A-5　500V 单芯聚氯乙烯绝缘导线穿钢管时在空气中敷设长期连续负荷的允许载流量

截面积 (mm²)	长期连续负荷允许载流量（A）					
	穿两根导线		穿三根导线		穿四根导线	
	铜芯	铝芯	铜芯	铝芯	铜芯	铝芯
1.0	14	—	13	—	11	—
1.5	19	15	17	13	16	12
2.5	26	20	24	18	22	15
4	35	27	31	24	28	22
6	47	35	41	32	37	28
10	65	49	57	44	50	38
16	82	63	73	56	65	50
25	107	80	95	70	85	65
35	133	100	115	90	105	80
50	165	125	146	110	130	100
70	205	155	183	142	165	127
95	250	190	225	170	200	152
120	290	220	260	195	230	172
150	330	250	300	225	265	200
185	380	285	340	255	300	230

注　1. 适用的导线型号有 BV、BLV。
　　2. 导线线芯最高允许的工作温度为+65℃。
　　3. 周围环境温度为+25℃。
　　4. 实际环境温度下载流量的校正系数，与地埋线的校正系数相同。

附录 B 三角函数公式

1. 正弦定理：$\dfrac{a}{\sin A}=\dfrac{b}{\sin B}=\dfrac{c}{\sin C}=2R$（$R$ 为三角形外接圆半径）

2. 余弦定理：$a^2=b^2+c^2-2bc\cos A$，$b^2=a^2+c^2-2ac\cos B$，$c^2=a^2+b^2-2ab\cos C$

$$\cos A=\frac{b^2+c^2-a^2}{2bc}$$

3. $S_\Delta=\dfrac{1}{2}ah_a=\dfrac{1}{2}ab\sin C=\dfrac{1}{2}bc\sin A=\dfrac{1}{2}ac\sin B=\dfrac{abc}{4R}=2R^2\sin A\sin B\sin C$

$$=\frac{a^2\sin B\sin C}{2\sin A}=\frac{b^2\sin A\sin C}{2\sin B}=\frac{c^2\sin A\sin B}{2\sin C}=pr=\sqrt{p(p-a)(p-b)(p-c)}$$

其中，$p=\dfrac{1}{2}(a+b+c)$，r 为三角形内切圆半径。

4. 相关公式

倒数关系	商的关系	平方关系
$\tan\alpha\cdot\cot\alpha=1$ $\sin\alpha\cdot\csc\alpha=1$ $\cos\alpha\cdot\sec\alpha=1$	$\dfrac{\sin\alpha}{\cos\alpha}=\tan\alpha=\dfrac{\sec\alpha}{\csc\alpha}$ $\dfrac{\cos\alpha}{\sin\alpha}=\cot\alpha=\dfrac{\csc\alpha}{\sec\alpha}$	$\sin^2\alpha+\cos^2\alpha=1$ $1+\tan^2\alpha=\sec^2\alpha$ $1+\cot^2\alpha=\csc^2\alpha$

诱导公式			
$\sin(-\alpha)=-\sin\alpha$	$\cos(-\alpha)=-\cos\alpha$	$\tan(-\alpha)=-\tan\alpha$	$\cot(-\alpha)=-\cot\alpha$

$\sin\left(\dfrac{\pi}{2}-\alpha\right)=\cos\alpha$ $\cos\left(\dfrac{\pi}{2}-\alpha\right)=\sin\alpha$ $\tan\left(\dfrac{\pi}{2}-\alpha\right)=\cot\alpha$ $\cot\left(\dfrac{\pi}{2}-\alpha\right)=\tan\alpha$ $\cot\left(\dfrac{\pi}{2}-\alpha\right)=\tan\alpha$ $\sin\left(\dfrac{\pi}{2}+\alpha\right)=\cos\alpha$ $\cos\left(\dfrac{\pi}{2}+\alpha\right)=-\sin\alpha$ $\tan\left(\dfrac{\pi}{2}+\alpha\right)=-\cot\alpha$ $\cot\left(\dfrac{\pi}{2}+\alpha\right)=-\tan\alpha$	$\sin(\pi-\alpha)=\sin\alpha$ $\cos(\pi-\alpha)=-\cos\alpha$ $\tan(\pi-\alpha)=-\tan\alpha$ $\cot(\pi-\alpha)=-\cot\alpha$ $\sin(\pi+\alpha)=-\sin\alpha$ $\cos(\pi+\alpha)=-\cos\alpha$ $\tan(\pi+\alpha)=\tan\alpha$ $\cot(\pi+\alpha)=\cot\alpha$	$\sin\left(\dfrac{3\pi}{2}-\alpha\right)=-\cos\alpha$ $\cos\left(\dfrac{3\pi}{2}-\alpha\right)=-\sin\alpha$ $\tan\left(\dfrac{3\pi}{2}-\alpha\right)=\cot\alpha$ $\cot\left(\dfrac{3\pi}{2}-\alpha\right)=\tan\alpha$ $\sin\left(\dfrac{3\pi}{2}+\alpha\right)=-\cos\alpha$ $\cos\left(\dfrac{3\pi}{2}+\alpha\right)=\sin\alpha$ $\tan\left(\dfrac{3\pi}{2}+\alpha\right)=-\cot\alpha$ $\cot\left(\dfrac{3\pi}{2}+\alpha\right)=-\tan\alpha$	$\sin(2\pi-\alpha)=-\sin\alpha$ $\cos(2\pi-\alpha)=\cos\alpha$ $\tan(2\pi-\alpha)=-\tan\alpha$ $\cot(2\pi-\alpha)=-\cot\alpha$ $\sin(2\pi+\alpha)=\sin\alpha$ $\cos(2\pi+\alpha)=\cos\alpha$ $\tan(2\pi+\alpha)=\tan\alpha$ $\cot(2\pi+\alpha)=\cot\alpha$

两角和与差的三角函数公式	万能公式
$\sin(\alpha+\beta)=\sin\alpha\cos\beta+\cos\alpha\sin\beta$ $\sin(\alpha-\beta)=\sin\alpha\cos\beta-\cos\alpha\sin\beta$ $\cos(\alpha+\beta)=\cos\alpha\cos\beta-\sin\alpha\sin\beta$ $\cos(\alpha-\beta)=\cos\alpha\cos\beta+\sin\alpha\sin\beta$ $\tan(\alpha+\beta)=\dfrac{\tan\alpha+\tan\beta}{1-\tan\alpha\cdot\tan\beta}$ $\tan(\alpha-\beta)=\dfrac{\tan\alpha-\tan\beta}{1-\tan\alpha\cdot\tan\beta}$	$\sin\alpha=\dfrac{2\tan(\alpha/2)}{1+\tan2(\alpha/2)}$ $\cos\alpha=\dfrac{1-\tan2(\alpha/2)}{1+\tan2(\alpha/2)}$ $\tan\alpha=\dfrac{2\tan(\alpha/2)}{1-\tan2(\alpha/2)}$

半角的正弦、余弦和正切公式	三角函数的降幂公式
$\sin\left(\dfrac{\alpha}{2}\right)=\pm\sqrt{\dfrac{1-\cos\alpha}{2}}$ $\cos\left(\dfrac{\alpha}{2}\right)=\pm\sqrt{\dfrac{1+\cos\alpha}{2}}$ $\tan\left(\dfrac{\alpha}{2}\right)=\pm\sqrt{\dfrac{1-\cos\alpha}{1+\cos\alpha}}=\dfrac{1-\cos\alpha}{\sin\alpha}=\dfrac{\sin\alpha}{1+\cos\alpha}$	$\sin^2\alpha=\dfrac{1-\cos2\alpha}{2}$ $\cos^2\alpha=\dfrac{1+\cos2\alpha}{2}$

二倍角的正弦、余弦和正切公式	三倍角的正弦、余弦和正切公式
$\sin2\alpha=2\sin\alpha\cos\alpha$ $\cos2\alpha=\cos2\alpha-\sin2\alpha=2\cos2\alpha-1=1-2\sin2\alpha$ $\tan2\alpha=-\dfrac{2\tan\alpha}{1-\tan2\alpha}$	$\sin3\alpha=3\sin\alpha-4\sin3\alpha$ $\cos3\alpha=4\cos3\alpha-3\cos\alpha$ $\tan3\alpha=-\dfrac{3\tan\alpha-\tan3\alpha}{1-3\tan2\alpha}$

三角函数的和差化积公式	三角函数的积化和差公式
$\sin\alpha+\sin\beta=2\sin\dfrac{\alpha+\beta}{2}\cdot\cos\dfrac{\alpha-\beta}{2}$ $\sin\alpha-\sin\beta=2\cos\dfrac{\alpha+\beta}{2}\cdot\sin\dfrac{\alpha-\beta}{2}$ $\cos\alpha+\cos\beta=2\cos\dfrac{\alpha+\beta}{2}\cdot\cos\dfrac{\alpha-\beta}{2}$ $\cos\alpha-\cos\beta=-2\sin\dfrac{\alpha+\beta}{2}\cdot\sin\dfrac{\alpha-\beta}{2}$	$\sin\alpha\cdot\cos\beta=\dfrac{1}{2}[\sin(\alpha+\beta)+\sin(\alpha-\beta)]$ $\cos\alpha\cdot\sin\beta=\dfrac{1}{2}[\sin(\alpha+\beta)-\sin(\alpha-\beta)]$ $\cos\alpha\cdot\cos\beta=\dfrac{1}{2}[\cos(\alpha+\beta)+\cos(\alpha-\beta)]$ $\sin\alpha\cdot\sin\beta=-\dfrac{1}{2}[\cos(\alpha+\beta)-\cos(\alpha-\beta)]$

化 $a\sin\alpha\pm b\cos\alpha$ 为一个角的一个三角函数的形式（辅助角的三角函数的公式）
$a\sin x\pm b\cos x=\sqrt{a^2+b^2}\sin(x+\phi)$ 其中，ϕ 角所在的象限由 a、b 的符号确定，ϕ 角的值由 $\tan\phi=\dfrac{b}{a}$ 确定

六边形记忆法：图形结构"上弦中切下割，左正右余中间1"；记忆方法"对角线上两个函数的积为1；阴影三角形上两顶点的三角函数值的平方和等于下顶点的三角函数值的平方；任意一顶点的三角函数值等于相邻两个顶点的三角函数值的乘积。"

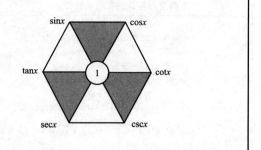

附录 C 单相电能表新安装标准化作业

标准化作业的目的是为了确保在装表接电过程中的每一位工作人员的人身安全和设备安全，从而进一步达到规范化程序化标准化作业要求。

单相电能表的安装分三个步骤：安装前的准备、安装过程、安装在终结。

一、安装前的准备

1. 开具派工单

（1）装表计量班班长根据 CCS 系统工单进行派工，指定具体工作负责人和装表工。

（2）工作人员在接到派工单后，必须以此认真填写工作负责人、班组名称、主要内容以及所采取的安全措施以及危险点分析及控制措施。

（3）最后工作班成员和工作负责人员签名。

2. 召开班前会

工作负责人向工作班成员交代工作内容、工作环境、安全要点，并按照工作票（派工单）上所列危险点进行分析，布置预控措施，交代注意事项，同时检查工作班成员着装及精神面貌。

3. 领取并核对电能表

（1）必须根据 CCS 系统工单领取电能表，并核对参数，扫描，将电能表条形码撕下贴在工单上，然后将表计标签贴在电能表上。

（2）领取时检查表计是否完好，核对电能表参数是否和工单相符，并办理登记。

4. 检查工器具

作业所需的工器具分为个人工器具和公用工器具。

（1）个人工器具：

1）低压验电笔（低压验电笔完好，禁止使用已损坏的验电笔）；

2）十字螺钉旋具（螺钉旋具金属裸露部分要用绝缘胶带缠绕，螺钉旋具口应带磁）；

3）绝缘胶带；

4）一字螺钉旋具（螺钉旋具金属裸露部分要用绝缘胶带缠绕，螺钉旋具口应带磁）；

5）安全带（工作前应检查安全带，是否有破损，是否经过定期检验且合格）；

6）记号笔；

7）尖嘴钳；

8）电工刀（电工刀把要用绝缘胶带缠绕）；

9）平口钳；

10）手套；

11）铅封；

12）封印钳；

13）扳手；

14）相序表（工作前应检查相序表，是否经过定期检验且合格）。

（2）公用工器具：

1）电锤（工作前应检查是否完好）；

2）竹梯（工作前应检查竹梯是否牢固，以及竹梯底部是否进行防滑处理，铝梯特别要注意梯脚底部绝缘良好）。

工作监护人应对标准化作业卡进行确认，经确认后安装前准备工作完成。

二、安装过程

1. 明确现场相关工作事项

2. 核对派工单的安装地址和安装位置是否一致

（1）核对工作地址。

（2）指定具体安装地址。

（3）危险点分析。

（4）做好安全措施。

（5）任务明确，责任清楚。

3. 布线

（1）当登高作业超过 2m 时，登杆人还要加装防护绳。

（2）横、平、竖、直布线。

（3）穿管（或采用槽板布线）。

4. 安装电能表箱

（1）画线打孔。

（2）防止触及带电体。

（3）垂直四方固定表箱（户外表箱安装高度为表箱中心距地 1.8m 左右；户外电缆竖井内的表箱安装高度为表箱中心离地面高度不低于 0.8m，不高于 1.8m）。

（4）电能表固定于计量箱内。

5. 电能表接线

（1）打开火门盖；

（2）核对火门盖接线图与实际端子号是否相符；

（3）松开电能表端钮盒盖内的螺丝；

（4）检查电压连接片是否拧紧后开始布线；

（5）使用专用工具布线；

（6）施放相线连接到空开；

（7）空开处于分位，布线时要注意横平竖直，拐弯处应有一定的自然弧度；

（8）弯环平滑；

（9）先中性线后相线顺序连接；

（10）依次接入电能表端钮盒内拧紧固定；

（11）中间不能有接头。

6. 搭火

（1）先验电，再按照先零线后相线的顺序依次搭火。

（2）在带电搭火前，穿戴绝缘手套和穿戴绝缘鞋，先进行验电。

（3）确认标准化作业卡。

注 意

连接485接口电能表输出信号线前，必须用盖板（无盖板时用绝缘胶带遮挡火门接线处）。

三、安装终结

1. 检查并加封

（1）在检查电能表接线正常，确认无误后抄录电能表参数。

（2）再次检查火门盖接线图与实际接线是否相符。

（3）盖好火门盖（端钮盒）。

（4）加封。

2. 工作终结

（1）签字确认。

（2）请用户签字确认。

（3）清理工作现场。

（4）最后当工作班成员将以上工作全部完成后，工作监护人需对标准化作业卡进行确认，当确认无误后，结束本次工作。

参 考 文 献

[1]　王富勇. 装表接电与内线安装. 北京：中国电力出版社，2000.

[2]　李国胜. 电能计量及装表接电工. 北京：中国电力出版社，2000.

[3]　徐义斌. 电能表修校及装表接电工. 3版. 北京：中国水利水电出版社，2003.

[4]　邢道清，施勇，沈倩. 用电检查与装表接电. 机械工业出版社，2009.

[5]　林放，郑雅琴. 装表接电与内线安装. 北京. 中国水利水电出版社，2004.

[6]　牟民生，牟江平. 电能计量基础与技术实践. 北京：中国电力出版社，2011.

[7]　王月志. 电能计量技术. 北京：中国电力出版社，2007.

[8]　袁旺. 装表接电. 北京：中国电力出版社，2013.